2011年国家自然科学基金面上项目（项目批准号：71171140）
2015年国家自然科学基金面上项目（项目批准号：71571130）
河北省高校企业管理省级重点学科建设项目

基于利益相关者视角的
建筑工程质量
保障机制研究

RESEARCH ON THE GUARANTEE MECHANISM OF
CONSTRUCTION PROJECT QUALITY FROM
THE PERSPECTIVE OF STAKEHOLDERS

彭永芳　吕景刚　吴秀宇

著

U0345935

中国财经出版传媒集团
经济科学出版社
Economic Science Press

图书在版编目（CIP）数据

基于利益相关者视角的建筑工程质量保障机制
研究/彭永芳，吕景刚，吴秀宇著 . —北京：经济
科学出版社，2018.5
ISBN 978 - 7 - 5141 - 9340 - 4

Ⅰ. ①基… Ⅱ. ①彭…②吕…③吴… Ⅲ. ①建筑
工程－质量管理体系－研究 Ⅳ. ①TU712

中国版本图书馆 CIP 数据核字（2018）第 091549 号

责任编辑：周国强
责任校对：靳玉环
责任印制：邱　天

基于利益相关者视角的建筑工程质量保障机制研究

彭永芳　　吕景刚　吴秀宇　著
经济科学出版社出版、发行　新华书店经销
社址：北京市海淀区阜成路甲 28 号　邮编：100142
总编部电话：010 - 88191217　发行部电话：010 - 88191522
网址：www. esp. com. cn
电子邮件：esp@ esp. com. cn
天猫网店：经济科学出版社旗舰店
网址：http：//jjkxcbs. tmall. com
固安华明印业有限公司印装
710 ×1000　16 开　14 印张　230000 字
2018 年 5 月第 1 版　2018 年 5 月第 1 次印刷
ISBN 978 - 7 - 5141 - 9340 - 4　定价：58.00 元
（图书出现印装问题，本社负责调换。电话：010 - 88191510）
（版权所有　侵权必究　举报电话：010 - 88191586
电子邮箱：dbts@ esp. com. cn）

前　　言

　　本书所研究的主题——建筑工程质量，指的是在我国目前现行的相关法律法规、技术标准、设计文件以及合同中，对建筑工程项目的安全性、适用性、经济性、环保性、美观性等各方面特性的综合要求。工程质量问题事关国计民生，事关人民群众的切身利益和生命财产安全，建筑工程质量的好坏，实质上综合反映了一个国家或地区的建设科技、工程教育和管理水平甚至整个经济与社会的发展水平，对建筑行业的可持续发展至关重要。

　　目前，我国已是世界上最负盛名的建筑业大国，几乎同时拥有全世界最多的工程量和最大的建筑工程项目，每年在建和竣工的建筑面积世界第一。近年来，虽然我国的建设工程质量水平已经得到很大提高，但是工程建设领域还存在许多令人担忧的质量问题，工程质量事故也时有发生，因质量低劣而造成的路陷、桥塌、房倒等现象不断出现，甚至发生不少致使人员伤亡的严重事故。不断被曝光的"豆腐渣工程"和"假冒伪劣"产品，实质上是反映我国建筑工程质量水平的一个缩影。工程质量差，不仅缩短了工程项目的使用寿命，造成了巨大的资源浪费，而且轻则损害消费者的物质利益，重则危害人们的生命财产安全，这在一系列大桥、道路和楼房因质量而垮塌的事故中得到验证。

　　导致建筑工程质量问题产生的原因很多，就施工环节的质量控制而言，主要包括人、材料、机械、方法和环境等方面的因素，控制好这五个关键要素就基本能保证施工质量的完好。如果从更广泛的角度看，影响建筑工程质量的原因可能涉及经济发展阶段的因素、科技进步不足的因素、政府监管不力的因素、质量意识不高的因素、建设市场混乱的因素、参与人员素质参差

i

不齐的因素等，其中更为重要的原因在于管理层面的因素，比如工程腐败治理不力，各个参与主体的质量责任落实不到位，等等。

　　建筑工程质量管理就是要运用一个完整的质量管理体系、方法和手段对工程质量进行系统化管理，从而保证和提高建筑工程项目的质量水平。建筑工程项目具有投资大、建设周期和使用时期长等特点，只有符合工程质量标准，才能投入生产和交付使用。由于工程项目从论证和决策、建设立项、勘察和设计、施工、监理到竣工验收，直至投入使用，经历的环节多、过程长、涉及的参与主体多，在任何一个环节中如果任何一个参与主体不认真落实质量管理责任，就可能对工程质量造成重大影响。党和政府历来重视工程质量问题，近年来，中央多次下发文件，要求加强建筑工程质量管理工作，并且严格落实工程质量责任。2014 年 8 月 25 日，国家住建部为了落实工程质量终身负责制，专门出台了《建筑工程五方责任主体项目负责人质量终身责任追究暂行办法》，该办法明确要求，在建筑工程项目竣工后，应当在显著位置设置永久性标牌，其中要载明建设、施工、勘察、设计、监理等这 5 家单位的信息以及项目负责人的名称，他们必须对建筑工程质量实行终身负责制。2016 年，下发了《中共中央、国务院关于进一步加强城市规划建设管理工作的若干意见》，指出要继续完善工程质量管理制度，全面落实五方主体对工程项目的质量责任。2017 年，又下发了《中共中央、国务院关于开展质量提升行动的指导意见》和《国务院办公厅关于促进建筑业持续健康发展的意见》等文件，这些文件明确要求要进一步全面落实工程项目的各方参与主体的质量责任，其中特别提出要加强建设单位的首要责任以及勘察、设计、施工等单位的主体质量责任。

　　由此可见，建筑工程项目在不同的阶段需要由不同的主体（即不同的利益相关者）参与到工程建设中来，他们分别对工程建设发挥着不同的作用，承担着不同的质量管理责任。也就是说，参与工程建设的不同主体（各个利益相关者）都是建筑工程质量的相关者。然而，不同的利益相关者在工程项目中的利益诉求是不同的，因此这些利益相关者之间的关系协调和业务合作问题，就是建筑工程质量管理中需要面临的一个重要挑战。如何协调各个利益相关者之间的冲突，如何在保证不同利益相关者自身利益最大化和共同利益最大化的前提下兼顾各方的诉求，如何通过关系及利益的协调建立和完善建筑工程质量的保障机制，从而从全过程提高建筑工程的整体质量，这是当前摆在管理者面前的一个亟待解决的重要问题，也是学者们需要研究的一项重大课题。

基于上述背景，本书以利益相关者理论、质量管理理论和建筑工程质量管理理论等为基础，从利益相关者视角研究建筑工程的质量保障机制问题。本书的研究内容主要涉及五个方面：一是从理论规范研究的角度，识别建筑工程质量的利益相关者，分析它们对建筑工程的质量管理责任；二是研究影响建筑工程质量的利益相关者因素，并利用粗糙集工具对其中的重要因素进行筛选；三是分析利益相关者因素之间的关系及其对建筑工程质量的作用机理，并通过结构方程实证分析方法进行检验论证，得到具有现实意义的利益相关者视角下的建筑工程质量影响因素关系模型；四是运用系统动力学对建筑工程质量与利益相关者因素之间的影响关系进行动态演化分析，探索各利益相关者的整体能力对保障建筑工程质量的作用；五是基于理论分析、实证分析和仿真分析结果，得出基于利益相关者视角的建筑工程质量保障机制。

本书的主要理论贡献和实践价值，体现在如下四个方面：

第一，从利益相关者角度提出了影响建筑工程质量的主要因素。首先，从系统观点角度指出建筑工程质量管理体系是一个由微观、中观、宏观三个层次的质量保证体系、质量组织体系和质量监督体系构成的全面质量管理系统，据此构建了基于利益相关者的建筑工程质量管理动态模型。其次，分别从建设单位、施工单位、供应商、勘察设计单位、政府相关部门、监理单位、社会组织与公众媒体、用户等方面梳理出影响建筑工程质量的因素。最后，利用调研数据，采用粗糙集理论与方法对这些因素进行筛选，进一步得到了对建筑工程质量具有重要影响的利益相关者因素。

第二，利用结构方程模型方法，研究得出了利益相关者因素之间及其与建筑工程质量之间的相互影响关系模型（作用机理）。首先，本书构建了一个基于利益相关者的建筑工程质量影响因素理论模型。其次，依据该理论模型对利益相关者因素相互之间以及与工程质量之间的关系提出了相关假设，并利用 Amos17.0 软件构建了建筑工程质量影响因素的初始结构方程模型，并对模型进行了修正，得到了利益相关者因素之间以及其与建筑工程质量之间的路径关系最终检验结果。再次，对不同利益相关者因素之间的影响关系以及与建筑工程质量之间的影响关系进行了分析阐释。最后，得到了经过假设检验的基于利益相关者视角的建筑工程质量与其影响因素的最终关系模型。

第三，利用系统动力学仿真分析，研究发现了随着时间变化利益相关者因素与建筑工程质量之间的动态演变特征。首先，对利益相关者因素之间以及与建筑工程质量之间的因果关系进行分析，构建了建筑工程质量系统流程图。其次，利用结构方程分析结果，结合专家咨询法确定了相关参数，建立了系统动力学方程。最后，进行系统动力学仿真分析，结果表明利益相关者与建筑工程质量组成的系统是一个正反馈系统，当系统中某一影响因素水平增加时就会带动工程质量水平增加；同时，市场成熟度对建筑工程质量目标变化有显著正向影响。

第四，提出了基于利益相关者视角的建筑工程质量保障机制。根据实证分析和仿真分析结果，本书主要提出了七个保障机制：政府法律层面的质量监管与保障机制、全生命周期质量监管机制、质量信息传递机制、质量责任溯源机制、合同激励与约束机制、多方联动机制、利益协调与分配机制。

本书中提出的一些观点、得到的研究结论和设计的质量保障机制以及分析问题的视角、逻辑和方法，可以为从事工程项目开发、施工、勘察设计、监理等业务的企业在加强工程质量管理方面提供理论和方法指导；本书得出的建筑工程项目利益相关者因素与工程质量的影响机制，可用于指导企业在工程质量管理中协调与上下游其他相关方之间的关系；本书提出的一系列建筑工程质量保障机制对于参与工程建设的各个主体如何围绕工程项目形成一个"目标一致、行为协同"的利益共同体，以共同解决工程质量问题，具有较大的借鉴价值。

总之，建筑行业实现可持续发展的重要基石就是坚持质量兴业，即"以质量求信誉，以信誉争市场，以市场谋发展"。搞好建筑工程质量管理，是提高工程项目投资效益的重要举措，是建设工程强国的重大战略任务，是迎接国际工程建设市场挑战的必然要求。参与工程项目建设的各方主体（利益相关者）要树立精品意识，通过规范自身的质量行为并加强各方之间的关系协调，促进各参与主体在工程建设全过程中的协同治理，全面加强建筑工程质量管理，打造精品工程。

彭永芳

2018 年 3 月

目 录
CONTENTS

| 第 1 章 | **绪论** / 1 |

1.1 研究背景 / 1

1.2 研究意义 / 4

1.3 研究内容 / 7

1.4 研究方法和技术路线 / 9

1.5 创新之处 / 12

| 第 2 章 | **文献综述** / 17 |

2.1 利益相关者理论国内外研究综述 / 17

2.2 质量管理与保障国内外研究综述 / 25

2.3 建筑质量管理与保障国内外研究综述 / 29

2.4 利益相关者与建筑工程管理相关问题国内外
研究综述 / 34

2.5 本章小结 / 39

| 第 3 章 | **利益相关者和建筑工程质量管理相关理论基础** / 40 |

3.1 利益相关者理论 / 40

3.2 质量管理理论 / 47

3.3 建筑工程质量管理理论 / 63

3.4　本章小结 / 72

| 第4章 | 建筑工程质量的利益相关者分析 / 73

4.1　建筑工程项目的利益相关者分析 / 73

4.2　建筑工程质量的利益相关者及其质量管理责任 / 77

4.3　建筑工程质量利益相关者关系分析 / 89

4.4　本章小结 / 96

| 第5章 | 利益相关者视角下建筑工程质量影响因素分析 / 97

5.1　基于利益相关者的建筑工程质量影响因素识别 / 97

5.2　数据获取 / 103

5.3　基于粗糙集的建筑工程质量重要影响因素筛选 / 111

5.4　本章小结 / 117

| 第6章 | 基于 SEM 的建筑工程质量理论模型构建与分析 / 118

6.1　理论模型构建和假设提出 / 118

6.2　变量的质量和结构分析 / 123

6.3　结构方程模型构建和假设检验 / 133

6.4　本章小结 / 142

| 第7章 | 基于 SD 的建筑工程质量动态演化分析 / 144

7.1　系统动力学（SD）理论与方法介绍 / 144

7.2　系统动力学建模步骤 / 146

7.3　基于 SD 的建筑工程质量动态演化分析 / 148

7.4　本章小结 / 158

| 第 8 章 |　**基于利益相关者的建筑工程质量保障机制设计** / 160

8.1　利益相关者视角下建筑工程质量保障
机制的内容 / 161

8.2　利益相关者视角下的建筑工程质量保障
机制设计 / 163

8.3　本章小结 / 181

| 第 9 章 |　**结论与展望** / 182

9.1　研究结论 / 182

9.2　不足之处 / 184

9.3　研究展望 / 185

附录　调查问题 / 187

参考文献 / 192

后记 / 213

| 第1章 |

绪　　论

1.1　研究背景

　　建筑业在我国经济与社会发展中具有重要的战略地位，是推动国民经济发展的主要支柱产业之一。近年来，随着我国整体经济与社会现代化水平的不断提升，建筑行业在发展规模和实现产值方面都获得了井喷式增长。以2015年为例，全国建筑业具有资质等级的企业（主要指具备一定资质等级的各类总承包建筑企业和专业承包建筑企业，但不包括从事劳务分包的建筑企业）实现总产值高达18.0757万亿元，其中竣工产值达到11.0115万亿元；从建设规模看，当年房屋施工面积为124.26亿平方米，而完成竣工面积42.08亿平方米；全年建筑业签订合同的金额高达33.8万亿元，全行业完成利润6508亿元；到年底为止，全国建筑业从业人员数量为5003.4万人，有施工活动或其他业务的建筑企业达8.0911万个，劳动生产率为36.13万元/人（按照建筑业总产值除以从业人数计算）①。

　　与2015年相比，我国建筑业到2017年上半年更是获得了突飞猛进的发展，其中具有资质等级的各类建筑企业（包括总承包商以及专业承包商，但是不包括劳务分包商）仅半年就完成总产值85871.09亿元，实现竣工产值

---

① 国家统计局：《2015年建筑业企业生产情况统计快报》。

39192.28 亿元，同比增长分别达到 10.86% 和 4.84%；半年内签订合同总额高达 288660.95 亿元，其中新签的合同金额为 107079.04 亿元，分别比上年同期增长 18.11% 和 21.89%；房屋施工面积和房屋竣工面积分别完成 96.97 亿平方米和 14.92 亿平方米，同比增长分别是 3.46% 和 2.53%。另外，到 2017 年 6 月底，全国建筑业从业人员总数量为 4339.09 万人，同期相比增长 3.2%；建筑业企业（指有施工活动的企业）8.0611 万个，比上年同期增长 4.61%；劳动生产率为 19.1491 万元/人（按上半年建筑业总产值除以从业人数计算），同比增长 7.18%[①]。

自 2006 年以来，我国建筑业在国民经济中的比重（全行业增加值占 GDP 比重）一直处在 5.7% 以上，其中 2015 年升至 6.86% 的高位，而 2017 年则达到 6.73%[②]。总体来看，我国建筑业保持了良好的发展势头，对我国经济发展和社会就业发挥着重要作用。

但是，在建筑业获得空前发展的同时，形成鲜明对比的是建筑工程质量问题却不断暴露出来，各种"楼歪歪""楼脆脆""路塌塌""桥裂裂"现象层出不穷，备受人们诟病，因而逐步成为社会各界广泛讨论的热门话题，并且对社会稳定构成威胁，严重影响了建筑业的持续健康发展。工程质量问题之所以频频发生，究其原因，主要是因为我国建筑行业仍然是粗放式发展，各类建筑施工企业技术能力和管理水平较低，从业人员素质较差，质量管理理念缺失，质量意识淡薄，同时也没有建立起完善的长效机制来保障建筑工程质量，尤其是没有从工程建设的全过程来建立起一整套全员参与的工程质量保障制度。

关于建筑工程质量的保障机制，就是从制度和执行层面加强对工程质量的管理与保障，这一研究主题在各行各业都是一个关注的焦点。如果运用互联网进行搜索可以看到，在 Google 中输入关键词"质量管理与保障"，就会出现有关新闻报道、研究文献等 887 万条检索结果，而与此相关的搜索词条主要涉及安全生产管理制度、工程质量安全管理制度、农产品和食品及饲料质量安全管理、医疗和药品质量与安全管理、软件质量保障和科室质量与安全管理等方面的主题。由此可见，不但一般的社会公众对质量问题表现出极

---

① 中国建筑业协会：《解读：2017 年上半年中国建筑业发展状况及各项数据》，搜狐财经网。
② 新鲁班：《2017 年我国建筑业市场格局》，搜狐财经网。

高的重视和关注，而且专家学者们也开始着手研究有关产品质量管理与保障方面的课题。总体而言，建立建筑工程质量长效保障机制，能够通过完善和改进相关技术方法和措施，提高建筑工程全过程和全体参与者的质量管理能力，帮助工程管理人员和操作者提高质量管理能力和素质，有助于在施工过程中促使工程监理人员加强对工程质量的控制与协调，从而全面提高建筑工程的质量水平。

与此同时，工程建设的对象无论从复杂程度上还是从规模上都有了明显提高，因此在社会化大生产的条件下，生产对象的变化进一步推动了社会分工的日益细化。而在建筑行业的实践中，由于人们对建筑工程项目的质和量提出了越来越高的要求，导致各专业分工进一步趋于精细化，因此促使更多的相关方参与到工程项目的建设当中。建筑工程的生产过程非常复杂，具有环节多、过程长、参与主体多的特点，每个阶段都需要有不同的利益相关者参与到工程建设中来，他们对工程建设发挥着不同的作用，承担着不同的质量管理责任。2014 年 8 月 25 日，住房城乡建设部为了落实工程质量终身负责制，专门出台了《建筑工程五方责任主体项目负责人质量终身责任追究暂行办法》，该办法明确要求，在建筑工程竣工后应当在显著位置设置永久性标牌，其中需要载明建设、施工、勘察、设计、监理等这 5 家单位的信息以及项目负责人的名称，他们必须对建筑工程质量实行终身负责。这说明，参与工程建设的各方主体都是工程质量的相关者。但是，他们在工程项目中的利益诉求并不相同，所以这些参与者之间的协调与合作问题，就是建筑工程质量管理当中面临的一个新挑战。如何协调各个利益相关者之间的冲突，如何在保证不同利益相关者自身利益最大化和共同利益最大化的前提下兼顾各方的诉求，如何通过关系及利益的协调建立和完善建筑工程的治理机制，从而从全过程提高建筑工程的整体质量，这是当前摆在学者和管理者面前的一个重大研究课题。

在这种背景下，本书从利益相关者的角度分析影响建筑工程质量的因素，研究不同利益相关者在实现工程建设目标过程中的行为对工程质量的作用机理，据此设计出基于利益相关者的建筑工程质量保障机制，以期对完善工程质量管理有所贡献。

1.2 研究意义

1.2.1 理论意义

自 20 世纪 90 年代以来，有关利益相关者理论在工程项目管理中的应用越来越受到国内外学者和建设企业的关注。但迄今为止，关于从利益相关者角度建立建筑工程质量保障机制的研究还是非常少见。目前一些学者仅仅对建筑工程项目中的利益相关者关系、冲突处理、利益协调机制等问题进行了一定研究：如管荣月等（2009）对不同建设阶段的利益相关者进行了分析归纳，强调在工程项目利益相关者管理中应加强信任和充分沟通。沈涛涌（2011）针对建筑工程利益相关者之间的冲突越来越明显，直接影响到工程建设的工期、质量和安全的问题，来分析了工程项目利益相关者之间建立合作机制的必要性。琳达·伯恩（Lynda Bourne，2010）通过研究澳大利亚某工程项目的有关参与方，提出项目团队应根据影响力大小对不同利益相关者采取差异化的策略，以利于增强利益相关者彼此之间的契合度。彻诺斯克（Chinowsky，2008）围绕工程项目构建了利益相关者关系网络，建议通过加强网络内的知识共享来进一步提升工程项目绩效。吴孝灵（2011）从委托代理的视角研究了 BOT 项目运作中利益相关者之间的利益协调机制。王介石（2011）基于利益相关者理论，结合交易成本理论和委托代理理论，从合同治理、关系治理两个维度对工程项目治理机制进行了研究，系统分析了在工程项目建设的不同阶段关于利益相关者的选择、关系治理机制与工程项目绩效的关联关系。特纳和基冈（Turner & Keegan，2001），维克（Wincch，2003）在定义项目治理时，特别指出利益相关者的相互利益关系是项目治理的关键内容。另外，国内外学者对建筑工程质量和利益相关者的关系问题也有所研究。赵丹平（2015）研究了多元主体共同参与公共建筑质量监督管理的问题，这既可以保证各方主体利益的最大化和合理化，又可以确保建筑质量。胡仲春（2006）分析了在工程施工中的主要利益相关方以及他们在质量管理中的不同作用和特点，提出了工程施工各阶段基于利益相关方的质量控制措施。王宏杰（2008）则分别分析了业主方、施工方、监理方和政府部门以及其他相关方对工程质量的影响。罗伯特（Robert，1991）认为加强对各项目参与者的激励，有助于促使施工方、承包商等相关主体的质量目标与建设单位（业主）所期望的质量目标相一致，由此促进工程质量水平的提高。科兹纳（Kerzner，2010）提出工程质量保证体系不断发展和有效利用的前提就是高度重视建设主体与监督主体质量人员的培训。苗泽华（2016）则从伦理和制度两个维度，研究了制药企业的生态工程建设，构建了制药企业与利益相关者之间的新型共生模式与机制。王德东和姚凯（2017）运用网络层次分析法研究了大型政府工程项目中利益相关者之间的协同关系和协同效率。

从上述文献研究可知，很少有学者从工程建设不同阶段所涉及的利益相关者的管理和行为因素对建筑工程质量的影响以及不同利益相关者之间的相互关系对工程质量的影响进行系统分析，也没有把利益相关者与建筑工程质量作为一个关联系统进行动态演化分析，没有考虑到应当采取什么措施和决策机制来调动工程项目的各参与方进行协同管理，从而保障建筑工程质量。

本书结合建筑工程质量管理的实际情况，以利益相关者为研究视角，从项目全过程来分析建筑工程质量的保障机制问题。通过分析不同的利益相关者在工程建设的不同阶段所承担的质量管理责任，寻找影响建筑工程质量的主要因素，并运用结构方程理论和方法探索这些利益相关者的影响因素与建筑工程质量之间的作用机理以及利益相关者因素相互间的关系与工程质量之间的传导机制。然后运用系统动力学对利益相关者因素和建筑工程质量作为一个系统进行动态演化分析，进一步论证利益相关者与建筑工程质量的互动作用机制，从而为构建基于利益相关者的建筑工程质量保障机制奠定了理论基础和实证依据。研究中提出的观点、得到的研究结论和设计的保障机制以及分析问题的视角、逻辑和方法，可以为从事工程项目开发、施工、勘察设计、监理等业务的企业在加强工程质量管理方面提供理论和方法指导。

1.2.2 实践意义

德国著名的飞机涡轮机的发明者帕布斯·海恩（Pabs Hein）曾提出一个

在航空领域与安全飞行有关的法则,即"海恩法则"。该法则反映了一个规律:每发生1起严重事故,意味着背后会有29起轻微事故、300次未遂先兆和1000起事故隐患。这里有两点需要强调:第一,事故的发生通常是量变的结果;第二,在实际操作中,技术再先进,规章再完善,都不能替代人自身的责任心和素质。可见,管理因素在质量安全控制中有着重要作用。

近年来,建筑工程质量事故发生频繁,事件背后也隐含着很多已经建成的工程也可能存在质量问题的隐患。建筑工程质量关系到社会生产、关系到人民群众的生命安全,政府监管部门决不能等闲视之,社会监督主体也不能"事不关己,高高挂起",有关工程参与企业更不能逃脱责任。但建筑工程质量出现问题后再进行事后处理,无论如何有力、如何公平、如何高效,都已经是"亡羊补牢,为时已晚"。因此,对工程建设质量如果能做到事前控制、事中控制,那将是一件十分有意义的事情。然而在工程建设实践中,人们却都比较关注从技术层面来保障工程质量,而忽视了管理因素的积极作用。

一个建筑工程项目的完成需要多方主体共同参与和协调,这为工程项目的管理和质量控制带来新的挑战。因此,需要协调好项目的各个利益相关者之间的利益和冲突,并加强协助。提升建筑工程质量问题既有制度法律层面的问题,也受技术和环境方面的因素影响;既有建筑企业个体施工不当、偷工减料的原因,又有供应商供应物料、设备或服务不合格的问题;既有政府监管不力、建筑质量管理标准实施不到位的因素,也有信息沟通不畅、事后追溯力度不足的因素等。在追究和落实工程质量责任时,既不能仅仅从某一节点、某一环节着手,也不能仅对某一责任主体进行奖励或处罚,而应对质量链上的其他"涉事"主体进行连带处理。因此,提高建筑工程质量,重点在于建立全面、系统、协同的管控体系,这样才能取得良好的效果。

在这种背景下,工程建设有关企业不能仅从某一个节点或环节,或仅仅凭借单一的技术手段与管理措施来保障建筑工程质量问题,而应从建筑产品全生命周期角度和全员参与角度来系统思考工程质量的多元治理(多主体)问题,并从利益相关者整体角度来设计建筑质量保障的机制。本书在研究中通过理论分析、建立假设、实证检验得出的建筑工程项目利益相关者因素与工程质量的影响机制,可用于指导企业在工程质量管理中协调与上下游其他相关方之间的关系;本书提出的一系列建筑工程质量保障机制对于参与工程建设的各个主体如何围绕工程项目形成一个"目标一致、行为协同"的利益共同体，以及如何共同解决工程质量问题具有较强的借鉴价值。

1.3　研　究　内　容

本书以利益相关者理论、质量管理理论和建筑工程质量管理理论等为基础，从利益相关者视角研究建筑工程的质量保障机制问题。主要研究内容涉及五个方面：一是从理论规范研究的角度，识别建筑工程质量的利益相关者，并分析它们对建筑工程的质量管理责任；二是研究影响建筑工程质量的利益相关者因素，并对其中的重要因素进行筛选；三是分析利益相关者因素之间的关系及其对建筑工程质量的作用机理，并通过实证分析方法进行检验论证，得到具有现实意义的利益相关者视角下的建筑工程质量影响因素关系模型；四是对建筑工程质量与利益相关者因素之间的影响关系进行动态演化分析，探索各利益相关者的整体能力对保障建筑工程质量的作用；五是通过理论分析和实证分析结果，得出基于利益相关者的建筑工程质量保障机制。

具体来讲，本书的研究过程主要通过以下八个章节来实现，各章内容如下：

第1章，绪论。通过介绍本书的研究背景，说明从利益相关者角度研究建筑工程质量的必要性，进而从理论和实践两个方面分析研究意义，然后介绍本书的主要研究内容和研究方法，并结合内容和方法阐述研究的技术路线，最后指出本书的几点创新。

第2章，文献综述。本章主要对与本书主题相关的前期国内外研究成果进行文献回顾，从利益相关者的概念和分类、质量管理与保障、建筑质量管理与保障、利益相关者与建筑工程管理相关问题等四个方面进行文献梳理，并对前期研究取得的成果和存在的不足做出评述。通过了解国内外学者对相关问题的研究成果和提出的学术观点或研究方法，为本书研究提供理论借鉴和研究视角。

第3章，利益相关者和建筑工程质量管理相关理论基础。主要对利益相关者理论（包括利益相关者的含义、理论模型和角色定位等）、质量管理理论（包括质量和质量管理的含义、产品质量形成的过程及规律性、质量管理的思想和原则、质量管理的程序和全面质量管理理论等）和建筑工程质量管理理论（包括建筑工程的界定、建筑工程质量的含义、特征和影响因素、建筑工程质量管理过程、建筑工程质量管理体系等）等基础理论进行了简要阐述，为后续章节的理论研究和实证分析提供理论依据和支撑。

第4章，建筑工程质量的利益相关者分析。首先，对建筑工程项目的利益相关者范围进行了界定，然后对工程建设各阶段涉及的利益相关者进行分析；据此识别出与建筑工程质量密切相关的利益相关者：建设单位、施工单位、供应商、监理单位、勘察设计单位、政府有关部门、社会组织和公众及媒体、用户等，并对各个利益相关者对建筑工程的质量管理责任进行了理论分析；解析了主要利益相关者之间的关系，构建了建筑工程项目利益相关者的质量管理关系动态模型。

第5章，利益相关者视角下建筑工程质量影响因素分析。首先，从利益相关者角度分析了影响建筑工程质量的因素，即分别从建设单位、施工单位、供应商、勘察与设计单位、政府及相关职能部门、监理单位、社会组织与公众媒体以及用户等方面分析了影响建筑工程质量的因素；其次，通过专题讨论和专家访谈等形式设计了调查问卷，获取了全国范围内工程项目管理人员对影响因素意见的数据；最后，采用粗糙集的理论与方法对重要影响因素进行了筛选，得出对建筑工程质量具有重要影响的因素共计28个，这些关键的影响因素是下文进行实证分析的主要对象。

第6章，基于SEM的建筑工程质量理论模型构建与分析。首先，通过上文的理论分析和对影响建筑工程质量的关键利益相关者因素进行选取，笔者将利益相关者影响因素分为根本因素、驱动因素和直接因素三个层面，各层次因素分别包含不同的利益相关者，这三个层次的因素相互之间以及与建筑工程质量之间皆存在不同的作用关系，在此基础上构建了建筑工程质量影响因素理论模型，并以此模型提出了研究假设；其次，利用探索性因子分析和验证性因子分析对获取数据进行了检验分析，验证了数据的可靠性和有效性；最后，利用结构方程模型理论与方法对上述理论模型进行了验证分析，结果显示各利益相关者之间及其与建筑工程质量之间具有不同程度的影响关系。研究结果进一步分析了建筑工程利益相关者之间的作用机理，发现了影响建筑工程质量的重要因素。

第 7 章，基于 SD 的建筑工程质量动态演化分析。主要利用系统动力学的理论与方法对建筑工程质量与利益相关者影响因素之间的关系进行动态仿真分析。首先，分析了利益相关者影响因素变量之间的因果关系以及与建筑工程质量变量之间的因果关系，构建了系统动力学流程图；其次，在结构方程分析结果的基础上结合专家咨询法确定了相关参数，建立了系统动力学方程；最后，进行系统动力学仿真分析，论证了各利益相关者因素与建筑工程质量变量之间的动态演化情况以及市场成熟度变化对建筑工程质量的动态影响，指出在考虑动态变化情况时施工单位和监理单位等主要利益相关者对保证工程质量的重要性，以及从项目利益相关者系统整体上建立建筑工程质量保障机制的必要性。

第 8 章，基于利益相关者的建筑工程质量保障机制设计。在前面理论分析和实证分析结果的基础上，提出了建筑工程质量保障机制的内容，包括政府法律层面的质量监管与保障机制、全生命周期质量监管机制、质量信息传递机制、质量责任溯源机制、合同激励与约束机制、多方联动机制和利益协调与分配机制等。然后，从这七个方面对利益相关者视角下的建筑工程质量保障机制进行了分别设计。

第 9 章，结论与展望。本书的研究结论主要有以下四点：一是建筑工程质量管理体系是一个包含各个利益相关者的动态系统；二是各个利益相关者因素之间及其对建筑工程质量具有不同程度的影响作用；三是各利益相关者因素与建筑工程质量之间具有一定的动态演化关系；四是基于利益相关者的建筑工程质量保障机制是提高建筑工程质量的必要手段。未来的研究方向主要有两点：一是需要进一步深入探讨各个利益相关者主体因素的影响关系与作用机理的具体路径；二是对本书提出的基于利益相关者的建筑工程质量保障机制进行案例研究，验证其在实践中应用的作用和效果。

1.4　研究方法和技术路线

1.4.1　研究方法

本书在研究中运用的主要研究方法有：文献研究法、归纳演绎法、问卷调查法、专家咨询法、描述性统计分析法、粗糙集理论与方法、因子分析法、结构方程理论与方法、系统动力学理论与方法等。在此仅就其中主要的几个研究方法及其在论文中的应用进行介绍和阐述。

1. 文献研究法

运用文献研究法对研究背景资料、研究的理论意义、国内外相关问题的研究现状、有关理论基础、建筑工程项目利益相关者的识别、影响建筑工程质量的利益相关者因素的分析和提取等进行文献资料的查阅、收集和整理，通过对已有文献的系统梳理，获得本书所需要的理论素材，为本书中提出的观点提供理论支撑。

2. 问卷调查法

本书运用问卷调查法获取与工程建设有关的各类企业对建筑工程质量影响因素的相关数据，为筛选影响建筑工程质量的重要利益相关者因素，进行结构方程实证分析以及系统动力学仿真分析提供所需数据。

3. 归纳演绎法

归纳演绎法是一种广泛应用的逻辑分析方法。在本书中，运用归纳演绎法构建描述利益相关者因素与建筑工程质量之间关系的理论模型，并提出一系列关于利益相关者因素之间及其与建筑工程质量之间作用机理的研究假设。最后，运用归纳演绎法设计一套基于利益相关者视角的建筑工程质量保障机制。

4. 统计分析方法

一是为了说明本书在问卷调查中所选取的调查对象和获取的数据的代表性，对获得的调研数据的样本特征进行描述性统计分析；二是在对利益相关者因素之间以及与建筑工程质量之间的关系进行结构方程实证分析之前，采取探索性因子分析、信度分析和验证性因子分析等方法对调查数据进行信度和效度检验，以验证数据的可靠性和有效性。

5. 粗糙集理论与方法

粗糙集方法是一种智能信息处理技术，可用于规则提取、数据挖掘、模式识别和决策支持等领域。本书运用粗糙集理论与方法对影响建筑工程质量的利益相关者因素进行筛选，从而获得其中重要的影响因素，这些重要的利益相关者影响因素是后续进行结构方程实证分析和系统动力学仿真分析的前提。

6. 结构方程理论与方法

结构方程模型是一种能够对多个原因与多个结果的复杂关系进行良好处理的方法，它把因素分析法和路径分析法整合在了一起，在模型中可以反映显性变量、潜在变量、干扰或误差变量间的关系，从而揭示了自变量对因变量发生影响的效果。本书利用结构方程方法构建了利益相关者因素之间及其与建筑工程质量之间关系的结构方程模型，通过实证检验，最终获得了建筑工程质量与这些利益相关者因素之间以及不同利益相关者因素之间存在的显著影响关系（作用路径关系）。

7. 系统动力学理论与方法

系统动力学方法根据系统内部各个组成要素存在互为因果关系并相互反馈的原理，期望从系统的内部结构来探索问题发生的根源，系统动力学能够借助计算机技术，综合利用定性分析和定量分析方法来处理系统内不同因素间的因果关系、多重反馈和时间延迟等问题。本书利用系统动力理论与方法在对各影响因素及建筑工程质量之间的因果关系进行分析的基础上，构建了建筑工程质量与各利益相关者因素之间的系统流图，然后结合结构方程分析结果并利用专家咨询法，建立了关于建筑工程质量与各利益相关者因素关系的系统动力学方程，然后进行计算机仿真分析，得到了建筑工程质量与各利益相关者因素之间随时间动态演化的情况。

1.4.2 技术路线

本书首先对利益相关者与建筑工程质量的国内外相关文献和有关理论进行了系统梳理，然后从理论上识别了对建筑工程质量有重要关系的主要利益相关者，并对他们之间的关系及其对建筑工程质量的作用进行了详细分析，在此基础上从利益相关者角度提取了影响建筑工程质量的影响因素，并用粗糙集工具对其中的重要因素做出筛选。根据上述理论分析和有关学者的观点，构建了利益相关者因素之间关系及其与建筑工程质量间关系的理论模型，并用结构方程方法进行实证分析，得到利益相关者因素之间及其与建筑工程质量之间（存在显著影响关系）的最终关系模型。但是结构方程主要是静态分析方法，因此本书还在对利益相关者因素之间以及与建筑工程质量之间进行因果关系分析的基础上，利用系统动力学进行动态实证分析。在构建了关于建筑工程质量与各利益相关者因素的系统流图和建立了相应的系统动力学方程之后，进行了仿真分析，论证了各利益相关者因素与建筑工程质量之间随时间变化而相互发生作用的变化情况。最后，根据前述理论分析和实证分析结果，设计了基于利益相关者视角的建筑工程质量保障机制。

本书的技术路线如图1-1所示，该图把各部分所采用的主要研究方法列在其中。

1.5 创新之处

本书对利益相关者的有关因素给建筑工程质量带来的影响以及利益相关者相互间的关系给建筑工程质量带来的影响进行了理论和实证上的探索性研究，建立了有理论依据和实证支持的基于利益相关者系统整体对建筑工程质量的保障机制。本书的创新之处主要体现在以下几个方面：

1. 从利益相关者角度提出了影响建筑工程质量的主要因素

首先，根据对建筑工程项目利益相关者的识别及其对工程质量的关系，从系统观点角度指出建筑工程质量管理体系是一个由微观、中观、宏观三个层次的质量保证体系、质量组织体系和质量监督体系构成的全面质量管理系统，并据此构建了基于利益相关者的建筑工程质量管理动态模型。其次，根据各利益相关者在建筑工程质量管理系统中的相互关系以及与工程质量的关系，在参考有关学者的研究成果的基础上，通过专家访谈和课题组研讨的方法，分别从建设单位、施工单位、供应商、勘察设计单位、政府相关部门、监理单位、社会组织与公众媒体、用户等方面梳理出影响建筑工程质量的因

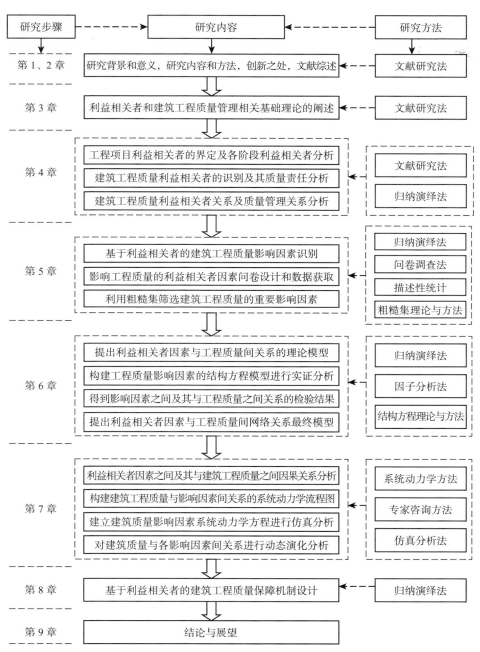

图 1-1 技术路线和研究方法

素。最后，利用调查问卷法获取全国范围内工程项目管理人员对这些影响因素的评价意见的数据，采用粗糙集理论与方法对这些因素进行筛选，从而得到了 28 个对建筑工程质量具有重要影响的利益相关者因素（参见第 4 章）。

2. 利用结构方程模型方法研究得出了利益相关者因素之间及其与建筑工程质量之间的相互影响关系模型（作用机理）

在经过理论分析和借鉴有关文献的基础上，构建了基于利益相关者的建筑工程质量影响因素理论模型，该理论模型将影响因素分为根本因素（涉及用户因素、政府相关职能部门因素和社会组织与公众媒体因素）、驱动因素（表现为建设单位因素和监理单位因素）和直接因素（包括施工单位因素、勘察设计单位因素、供应商因素）三个层次。直接因素会对建筑工程质量产生直接影响；驱动因素不会对建筑工程质量产生直接影响但会对直接因素产生影响，进而间接影响工程质量；根本因素是导致建筑工程质量问题最本质的原因，属于社会环境、政治制度层面的因素，根本因素既会对驱动因素产生影响，也会对直接因素产生影响，进而对工程质量形成约束和监督。依据该理论模型对利益相关者因素相互之间以及与工程质量之间的关系提出了相关假设，并利用 Amos17.0 软件构建了建筑工程质量影响因素的初始结构方程模型，并对模型进行了修正，得到了利益相关者因素之间以及与建筑工程质量之间的路径关系的最终检验结果。然后对直接因素间关系及其对建筑工程质量的影响关系、驱动因素间关系及其对直接因素的影响关系、根本因素间关系及其对驱动因素、直接因素和建筑工程质量的影响关系进行了分析阐释。最后得到了经过假设检验的基于利益相关者的建筑工程质量影响因素最终关系模型，即存在显著影响关系的利益相关者因素间及其与建筑工程质量间的作用机理（参见第 5 章）。

3. 利用系统动力学仿真分析研究发现了随着时间变化利益相关者因素与建筑工程质量之间的动态演变特征

根据前文构建的理论模型和结构方程模型实证分析的结果，首先，对利益相关者因素之间（即直接因素、驱动因素和根本因素之间）以及与建筑工程质量之间的因果关系进行分析，构建了建筑工程质量系统流程图。其次，利用结构方程分析结果，结合专家咨询法确定了相关参数，建立了系统动力学方程。最后，进行系统动力学仿真，结果表明利益相关者与建筑工程质量组成的系统是一个正反馈系统，当系统中某一影响因素水平增加时就会带动工程质量水平增加；同时，市场成熟度（各利益相关者对建筑工程质量的保障程度）对建筑工程质量目标变化有显著正向影响。仿真结果还指出，在动态情况下，施工单位和监理单位等在保证工程质量方面发挥着更为重要的作用（参见第 6 章）。

4. 提出了基于利益相关者视角的建筑工程质量保障机制

基于前面的理论分析、结构方程模型实证分析和系统动力学仿真分析的结果，提出了七个保障机制：第一，政府法律层面的质量监管与保障机制，即加强政府对工程建设和工程质量的法律监督责任和行政执法力度，使工程建设的各参与主体必须按照法律规定进行工程建设，保证工程质量达到规定目标和标准；第二，全生命周期质量监管机制，即在建筑工程全生命周期中实施全面质量监管以及进行工程质量链条不间断的管理，进一步实现对工程质量无空白和无缝隙的监管；第三，质量信息传递机制，即完善建筑工程质量信息在项目全生命周期范围内对各个参与主体间的有效共享，以发挥各利益相关者之间的质量监督和制约作用；第四，质量责任溯源机制，即实现质量事故来源可查、去向可追、责任可究的目的，对建筑工程的有关责任主体形成一种约束，改进其自律行为；第五，合同激励与约束机制，即将激励约束机制引入各类建设工程合同中，以解决建设单位与各利益相关者之间以及其他利益相关者相互之间关于建筑工程质量的逆向选择和道德风险问题；第六，多方联动机制，即通过各利益相关主体之间的协同联动，特别是施工单位、监理单位、建设单位和供应商等企业之间的联动与协同，共同保障工程质量；第七，利益协调与分配机制，即通过"利益共享、风险分担"机制使各相关方形同利益共同体，促使他们采取一致的质量行为，在保证工程质量前提下实现各自利益最大化（参见第 7 章）。

从利益相关者角度分析和探索影响建筑工程质量的因素以及这些利益相关者因素对建筑工程质量的相互影响关系，目的在于发现可能导致工程质量问题发生的组织行为原因，了解这些参与者在工程建设中的质量管理行为及彼此关系，从而为寻找解决质量问题的措施提供了路径。而结构方程分析和系统动力学分析，则从实践上论证了对工程质量发生关键作用的利益相关者（因素）及其关系机理是什么，从而为建立自整体出发来保证工程质量的协同治理机制创造了条件。

|第 2 章|
文 献 综 述

2.1 利益相关者理论国内外研究综述

自 20 世纪 60 ~ 70 年代利益相关者理论（stakeholder theory）创立以来，国内外学者对该理论及其在相关领域的应用开展了讨论和探索。起初，由于许多学者研究利益相关者理论只是认为关注企业的利益相关者，维护他们的利益，协调他们的关系，对于提高企业绩效进而实现股东价值最大化具有重要作用，即该理论在企业各个领域的应用是提高企业绩效、优化社会效益的主要工具。所以，利益相关者理论是当前主流企业理论研究的重要内容和发展趋势。

2.1.1 对利益相关者概念的相关界定

利益相关者理论从提出发展到现在虽然经历了许多年，但是人们对利益相关者的概念并没有形成统一的认知。在国外，学者米切尔和伍德（Mitchell & Wood, 1997）曾对利益相关者理论的发展历史进行了详细探索，根据西方学者的相关研究归纳总结出有代表性的 27 种利益相关者定义，并且可以分为广义和狭义两方面。广义的利益相关者是指能够对企业经营活动产生直接或间接影响的全部的组织和个体，包括企业内部和外部的一切相关者，为企业管理者分析各个利益相关方对企业的作用提供了一个全面的分析框架。而狭义的利益相关者是指那些对企业运营能够产生直接作用的主要的组织和个体，它们是企业必须考虑的利益相关方。西方学者中，弗里曼和克拉克森（Freeman & Clarkson）对利益相关者含义的表述比较具有代表性。弗里曼（Freeman，1984）指出，利益相关者能够影响组织目标的达成，他们也是在达成组织过程中会被受到影响的人。弗里德曼对利益相关者的概念的界定比较宽泛，其涉及所有利益相关方及其与企业的关系，诸如供应商、债权人、股东、客户及员工等，甚至媒体、环境组织、社区等，都会对企业经营发生直接或间接的作用，所以他们都可以作为企业的利益相关者。克拉克森（Clarkson，1994）认为，凡是在企业活动中投入了一定实物资本、财务资本、人力资本或其他有价值物质资料，并因此对企业经营活动承担某种风险的个体和群体都属于利益相关者。这一概念一方面指明了利益相关者与企业之间的关联关系，同时也强调了利益相关者对企业的专用性投资及风险性。

在国内，贾生华和陈宏辉（2002）综合了弗里德曼和克拉克森两位学者的观点，指出"利益相关者是指在企业经营活动中投入了一些专用性投资，并由此为企业承担一定风险的有关群体或个体，这些群体和个体的活动能够对企业目标的实现产生影响，同时也会受到企业实现目标的过程（如各种经营活动）的影响"。这个概念对利益相关者的含义及范围概括比较全面，所以具有较强的代表性，并被越来越多的学者所认同。另外，学者李维安、王世权（2007）通过梳理有关文献对利益相关者在广义和狭义两个方面进行了概括：狭义的利益相关者是指那些如果没有其对组织的支持，组织就无法生存的群体和个人，如企业的股东、管理人员、员工、供应商、顾客、债权人等；广义的利益相关者是指所有能够影响组织目标的实现或受组织目标能否实现的影响的任何群体或个体，如股东、管理人员、雇员、供应商、顾客、债权人以及政府、媒体、相关的社会组织和社会团体、周边的社区和社会成员等。

可见，利益相关者理论经过30多年的发展，学界对其概念虽然没有形成统一、权威的界定，但其含义包含的实质性要点和内容范围已基本趋于一致。弗里德曼（Freeman，1984）给出的定义实际上是广义上的利益相关者，其使利益相关者的内容更加丰富和完善，但是他把所有的利益相关者笼统地放在一个框架内或同一个层面上进行泛泛的整体性研究，会给后来的学者进行实证研究以及在企业实践中进行实际操作带来极大的不便，这是其一大局限性。克拉克森（Clarkson，1995）对利益相关者的定义相对更加具体，主要是指与企业有更加直接关系的利益相关者。国内学者做出的定义实际是一个综合性的观点，包括直接的利益相关者和间接的利益相关者，也是狭义概念和广义概念的综合，所以内容比较全面、代表性较强。

2.1.2 利益相关者的有关分类研究

仅仅对利益相关者的含义做出界定，其实并不能完全理解利益相关者的本质特性，一个企业如果把所有的可能有资格成为企业利益相关者的人都考虑进来，必然会出现众多的对企业具有不同利益要求和目标的群体或个体相互交接地混杂在一起。虽然说一个企业的发展几乎离不开任何一个利益相关者的帮助和支持，但每一个不同的利益相关者对企业决策和运营的影响程度是不一样的，同时所有的利益相关者受企业经营决策的影响的程度也是不同的。因此，我们可以从不同的角度对企业的利益相关者进行分类，即所有的利益相关者都会对企业活动和绩效产生一定的作用，但他们的作用其实不是同等重要的（Walker & Marr，2003；Cheng & Ioannou，2014；蒋开东等，2016；徐佳等，2016），因此，人们开始研究对于众多的企业利益相关者如何进行科学分类。

1. 国外学者对利益相关者的分类研究

国外关于利益相关者的分类主要有两种研究方法，一个是多维细分法，另一个是米切尔评分法。

首先，多维细分法从20世纪90年代开始逐步成为一种主要的对利益相关者进行分类的分析工具，其中的代表性观点如表2-1所示。

表 2 – 1　　　　　国外学者关于利益相关者的分类之一：多维细分法

研究的学者及时间	分类维度	分类结果：主要类别
弗里曼 （Freeman，1984）	A. 所有权：对企业拥有所有权 B. 经济依赖性：在经济上与企业存在依赖关系 C. 社会利益：在社会利益上与企业发生关系	A. 所有持有公司股票者，如股东 B. 包括经理人员、雇员、债权人以及消费者等 C. 政府部门、媒体、社区、环保组织等
弗雷德里克 （Frederick，1988）	与企业是否发生市场交易关系	直接利益相关方（例如，员工、供应商、股东、债权人、客户等）与间接利益相关方（例如，政府部门、社会团体、媒体、环保组织、一般公众等）
查克汉姆 （Charkham，1992）	和企业之间是否存在交易契约	大众类型的利益攸关方（诸如社区、媒体、政府、普通消费者等）与合同类型的利益攸关方（诸如顾客、分销商、供应商、贷款方等）
克拉克森 （Clarkson，1994、1995）	一是在企业经营活动中各个相关方承担的风险类别 二是相关方与企业发生联系的紧密程度	一是将利益相关者群体分为自愿利益相关者（能主动向企业投资物质资本、财务资本或者人力资本等的群体）和非自愿利益相关者（不主动向企业投入物质资本、财务资本或者人力资本等的主体） 二是把利益攸关方划分为主要与次要利益攸关方两类，前者包括诸如顾客、债权人、雇员、股东等，后者包括诸如社区、媒体、政府等
威勒 （Wheeler，1998）	有关方与企业产生某种社会性联系的紧密程度	一是首要的社会利益相关者，这些群体与企业发生直接关系，并有人参与企业活动 二是次要的社会利益相关者，这些主体通过一些社会性活动与企业建立起间接联系 三是首要的非社会利益相关者，这些主体会对企业产生直接影响，但他们不与企业中具体的人建立联系 四是次要的非社会利益相关者，这些群体对企业产生间接影响，但他们不与企业中具体的人建立联系
沃克等（Walker et al，2002）	根据有关方对企业承诺的不同层次对其态度和行为进行评估，然后按照忠诚度的高低分类	可分为完全忠诚型、易受影响型、可保有型和高风险型等四类利益相关者

资料来源：根据杨秀琼《利益相关者的分类研究综述》（2009）等文献整理得到。

　　从上述分析中可以看出，从多个角度对一个企业的利益相关者进行分类研究，虽然有助于增强大家对利益相关者理论的深入了解，也能够帮助不同的企业辨识出自己的利益相关者并进行差异化管理，但是，上述分类思路存在一个重要的缺陷，就是依据这些维度进行利益相关者分类缺乏一定的可操作性，而且分类界限也不是特别清晰，从而制约了该理论在企业实践中的应用。

　　其次，米切尔评分法是 20 世纪 90 年代后期，由美国的两位学者——米切尔和伍德（Mitchell & Wood，1997）提出的用于界定利益相关者的一种分类方法。依据该分类方法，利益相关者必须符合合法性、权力性和紧急性三个属性中的其中任何一个属性。第一，合法性，是指某一组织或个体是否享有法律赋予的可以对企业行使索取权；第二，权力性，是指某一主体是否具备了能够对企业决策和运营发生影响的能力、手段和地位；第三，紧急性，是指某个群体提出的诉求是否可以引起企业管理层的及时关注和回应。

　　根据这个观点，米切尔等学者把利益相关者划分为确定型、预期型和潜在型三种，如表 2 - 2 所示。

表 2 - 2　　　　国外学者关于利益相关者的分类之二：米切尔评分法

研究的学者及时间	分类维度	分类结果：主要类别
米切尔 （Mitchell，1997）	在与企业的关系上是否具有合法性、权力性、紧急性等特性	确定型利益相关者（该群体在与企业的关系上同时具备了合法性、权力性和紧急性三个属性，如股东、企业雇员和顾客等） 预期型利益相关者（该群体在与企业的关系上具备了三个属性中的任何两个，如债权人、环保组织等） 潜在型利益相关者（该群体只具备上述三项特性中的某一项，如媒体、市民、一般消费者等）
科鲁特和斯文 （Knut & Svend，2001）	同上（与米切尔的分类标准一致）	潜在的利益相关者→预期型利益相关者→确定的利益相关者
雷切尔 （Rachel，2004）	同上（与米切尔的分类标准一致）	非确定型利益相关者→确定型利益相关者

　　资料来源：根据杨秀琼《利益相关者的分类研究综述》（2009）等文献整理得到。

但是，米切尔对于利益相关者的分类方法却是一种动态变化的模型，当企业的某一个利益相关者失去了某些属性或者获得了某些属性时，就可能会从一种类型转换成另外一种类型。

在米切尔的研究基础之上，挪威的两位学者——科鲁特和斯文（Knut & Svend，2001）对渔业企业涉及的利益相关者进行了分类研究，他们发现渔业企业的有关利益相关者同样也处于动态变化之中，如果渔业企业赖以生存的内外部环境产生了变化，潜在的利益相关者（如一般消费者、市民、媒体等）就有可能转变为预期型的利益相关者，而预期型利益相关者（如环保组织、本地居民等）也非常有可能升级为确定型利益相关方（如表2-2所示）。

之后，雷切尔（Rachel，2004）针对危机时期的会计专业机构，对其利益相关者做出了分类，并将他们划分为确定型和非确定两类利益相关者。他的研究也表明，会计专业机构的利益相关者在危机时期同样也是动态转换的，当非确定的利益相关者一旦获得了其不具备的某些属性时，就可能转变成确定的利益相关者（如表2-2所示）。

关于米切尔等（Mitchell et al，1997）的研究结论，有关学者给予了怀疑。其中，伊瑟瑞与伦诺克斯（Eesley & Lenox，2006）觉得其研究难以解释诸多实际问题，譬如，即便环保部门被视同为高度利益攸关方，其仍旧可能对环境产生污染行为。他们通过建立三维度的属性要求，运用600名利益攸关方数据进行了实证分析。而德里斯科尔与斯塔里克（Driscoll & Starik，2004）评价米切尔等人的三维度言论具有非充分性，并认为可以增加邻近性作为第四特征。

米切尔等（Mitchell et al，2013）基于家族公司环境，探究了紧急性、合法性与权力性的普适性，研究结论给出在家族公司中利益攸关方精神身份尤为关键，且把其维度进行了调整，认为紧急性基于继位权、合法性基于遗产权、权力性基于规范权。

2. 国内学界对利益相关者的分类研究

20世纪90年代以来，国内学者开始展开对利益相关者理论的研究，其中在利益相关者的分类研究方面，许多学者做出了一些有重要参考价值的成果，具体分类情况如表 2-3 所示。

表 2-3 国内学者对于利益相关者的分类

研究的学者及时间	分类标准	分类结果：主要类别
万建华 （1998）	是否与企业发生正式的、官方的契约关系（此种分类与查克汉姆的分类方法比较相似）	一级利益相关者（如企业雇员、股东、债权人、供应商、分销商、顾客和政府等）；二级利益相关者（如环保组织、消费者权益保护协会、社会公众、媒体、社区等）
李心合 （2001）	与企业的合作性和威胁性	第一类是支持型的利益相关者，他们与企业的合作性强，而威胁性低（如股东、经营管理者、顾客、债权人、供应商等）；第二类是边缘型的利益相关者，他们与企业的合作性与威胁性都比较低（如雇员的各种职业联合会、消费者保护协会、小股东等）；第三类是不支持型利益相关者，他们与企业的合作性较低，而潜在威胁性较高（如竞争性企业、新闻媒体和工会等）；第四类是混合型利益相关者，他们与企业合作的潜在可能性和对企业形成的潜在威胁性都较高（如紧缺型人才、分销商、消费者等）
陈宏辉等 （2003）	从利益相关方对企业的主动性、重要性和紧急性等 3 个维度对其类别进行界定	一是核心利益相关者，这些群体至少要在 2 个维度上得分必须在 4 分以下（如企业股东、管理者、雇员等）；二是蛰伏利益相关者，这些群体至少在 2 个维度上得分处于 4~6 分之间（如债权人、供应商、分销商、消费者、政府等）；三是边缘利益相关者，这些群体至少在 2 个维度上必须得分在 6 分以上（如社区、特殊团体）
贺红梅 （2005）	从企业在生命周期各阶段的特征、企业在各个阶段遇到的危机以及企业的关键利益相关方的特征等角度，对企业在生命周期中不同阶段所涉及的各个利益相关者及其重要性的变化进行分析	关键利益相关者；非关键利益相关者；边缘利益相关者

续表

研究的学者及时间	分类标准	分类结果：主要类别
吴玲（2006）	依据资源基础机理与资源依赖机理，其对不同技术和性质特点以及不同成长阶段企业的利益攸关方予以分类	关键利益相关者；重要利益相关者；一般利益相关者；边缘利益相关者等四类
郝桂敏（2007）	从企业实力和企业需求这两个维度对处于不同发展阶段的企业所面临的利益相关者做出分类	重要利益相关者；次要利益相关者；一般利益相关者
盛亚等（2016）	从企业管理者动态感知上，或者放在利益相关者的动态属性上	对于利益攸关方存在有显著影响的研究视角有两个，其一为主观认知视角，基于焦点公司，其二为主体性质视角，基于利益攸关方本身

资料来源：通过对相关文献进行整理得到。

从国外学者的相关研究中可以看出，利益相关者理论经过了一个"从窄定义到宽认知，从多维细分到属性评分"的发展历程。在 20 世纪六七十年代，利益相关者理论处于初创时期，本阶段主要对利益相关者的概念从狭义上做出了界定。到了 20 世纪八九十年代初期，广大学者对利益相关者的含义从广义角度进行了广泛的探讨。随后，人们开始了对利益相关者进行分类的研究，分别从不同角度做出了细分，从而促进了人们对利益相关者的含义及范围的深入认识，为企业进行利益相关者识别和分类管理提供了理论基础。但是，这些分类方法在实践上还缺乏一定的可操作性，因此对利益相关者理论在企业中的实际应用形成了制约。20 世纪 90 年代后期，学者们开始研究定量化的分类方法，使上述不利局面得到了一定改善，特别是米切尔评分法的提出，极大提高了利益相关者分类界定的可实施性，从而促进了利益相关者理论在企业和行业领域的推广应用。

国内学者是在学习西方研究的基础之上对利益相关者开展分类研究的，早期的研究者，如万健华（1998）、李心合（2001）等也是从多维细分角度进行分类的，但他们的研究基本以规范性分析为主，而且是一种静态研究，未能针对企业面临变化的经营环境实施动态分析，分类结果也没有经过实证检验，这样企业在进行利益相关者分类时由于分类标准太多、分类结果复杂而无从下手，导致企业很难利用这些理论成果对利益相关者分类管理实践进行有效指导。后期的研究则是从实证角度进行分析，诸如王晓巍等（2011）通过因子分析方法，借助测量模型度量公司各利益攸关方责任；宋建波等（2009）运用无量纲化方法，对工业企业社会责任信息进行了处理；万寿义（2013）基于利益攸关方和企业行为的关联，运用三级责任成本数据，考察其与公司价值的关联。此外，基于实证数据检验层面，关于公司社会责任对公司价值的影响，尚未存在共识，主流观点认为，社会责任数据正向作用于公司价值，尤其体现在非财务信息层面（刘建秋、宋献中，2011）。而且有的学者还注意到企业的变化对利益相关者分类的影响，如贺红梅和吴玲（2005）、王清刚（2016）都认为，在企业生命周期的不同阶段，其利益相关者的重要性是变化的，这样这些利益相关者所属的类型也就会有所不同。这一研究成果的进步之处就在于，他们认识到了利益相关者分类是随环境动态演变的。而郝桂敏从企业需要和企业实力角度对利益相关者进行分类，考虑到了分类的目的是为了对不同的利益相关者进行更好的管理，不给企业造成额外的负担，从而使该分类方法更有实际意义。

国内外关于利益相关者的分类研究使人们认识到，在对某一企业进行利益相关者分类时，要考虑到企业的属性特点、企业在不同发展阶段或生命周期的变化以及企业所在行业的不同等，因为企业的利益相关者是动态变化的，随形势变化而有所不同，同样的组织或个体对于不同的企业或者处于不同阶段的同一企业可能是不同类型的利益相关方，对企业产生着不同的作用。

2.2 质量管理与保障国内外研究综述

质量管理与保障问题在很多领域都是被关注的对象，也是许多行业亟待解决的命题，尤其在安全生产、建筑工程质量管理、农产品质量安全、食品和药品以及医疗质量与安全管理等方面，应特别强调加强质量安全管理与保障工作的重要性。由于产品质量安全问题与人们的日常生活和生产活动密切相关，因此，国内外许多学者开始对这一课题进行研究。

2.2.1　国外学者对质量管理与保障的相关研究现状

国外学术界在研究质量安全管理与保障问题时，对医疗行业表现出较高的关注度，这与我国学者所关注的行业领域有所不同，国内学者比较关注安全生产管理、农产品和食品质量安全管理、建筑工程质量管理、药品质量安全等方面的质量保障问题。笔者以 Springer Link 学术平台的统计数据为例，在数据库主页搜索工具输入"质量安全管理"（quality safety management），得到了 139980 条检索结果，这些文献显示国外学者研究的范围主要涉及医药卫生、建筑工程、计算机科学、环境科学以及经济学等五大领域，其中医药行业的比例最高，文献数量几乎是其他领域的两倍。

在质量安全管理研究方面，学者比尔、塔佛瑞、乐里夫、德拉加奇（Biré，Tufféry，Lelièvre，Dragacci，2004）和普里奥（Pouliot，2008）对如何在食品安全中建立完整的质量管理体系进行了研究，他们认为应将非统一的度量标准融入食品安全监测环节，且构建了基于食品质量的测度体系。在医疗行业，美国的一般内科学会（Society of General Internal Medicine，简称 SGIM）通过每年举办年会的方式，不断加强和完善对医疗界的质量安全管理。肯特纳和希尔（Kentner & Hiel，2000）针对职业健康与安全问题提出，保障劳动力在工作中的健康安全应当依靠法律法规的完善以及企业和个人双方的共同努力。职业健康与安全除了关心生理健康外，也更需要关注心理健康。为了使未来的社会经济系统更加稳定，应加快转变劳动者的职业健康安全管理模式。古普塔和干菲特（Gupta & Gajghate，2002）、特耐里和冯（Tenailleau & Feng，2015）等则比较关注空气质量的保障问题，他们认为城市空气质量监控体系的建立，不光是用于评估空气质量水平，更是为保障空气质量提供了一个管理方法，所以应当将空气质量监管措施融合到环保绩效评价体系中，从而使提高空气质量控制的有效性。而且，国外学者在研究中，逐步在组织绩效管理体系中加入质量安全管理的成分，并提出在各领域的运行系统中加入质量安全管理要素，应通过绩效评价系统、增强社会责任感、加强自我约束和保证健康等方面，促使人们关注质量安全管理问题，共同推动社会的健康发展。

从国外现有研究成果看，学者们从多个视角对不同行业的质量安全管理与保障问题进行了研究，表明社会发展正在从单纯追求"量变"逐步向追求"质变"转型。尽管国外学者在研究质量管理与保障问题时所针对的行业不同，但研究观点和结论却有相通之处，他们都强调建立质量控制和评价体系的重要性。然而，如何从全过程和全组织体系上（质量链）有效预防质量问题，如何妥善处理与产品质量相关的各个参与主体（利益相关者）之间的关系和冲突，如何在质量管理中建立利益相关者治理机制，还需要进一步的深入研究。

2.2.2 国内学者对质量管理与保障的相关研究现状

纵观国内相关文献，发现学者对质量安全管理与保障的理论研究或实证分析，涵盖了众多领域或行业。笔者以中国知网（CNKI）为例，文献检索结果可以反映我国学界在质量安全管理与保障研究方面的发展现状和趋势。通过在中国知网搜索界面分别键入"质量管理""质量安全管理""质量保障""质量管理体系""安全管理""质量安全管理与保障"等关键词，大量的相关文献就会显示出来，表明国内学者对质量管理与保障问题的研究给予了足够重视，而且研究的时间节点基本集中在 2011～2013 年期间，这可能与我国许多行业在这三年当中尚未建立和完善质量安全管理与保障体系而各种质量安全事故频发有关。2011～2013 年，国内建筑工程质量和安全问题、食品质量安全事件、药品安全和医疗事故等频频见诸报端，给行业的健康发展和居民生活带来了严重影响。学者们一致认为，政府和企业必须采取措施加强质量与安全管理，并指出建立有效的质量安全管理与保障机制对各行业发展具有重要的现实意义。

在知网中通过搜索"质量安全管理与保障"等相关关键词，对属于 2011～2015 年期间发表的，而且被引频次大于 10 次的文献进行数量统计，计算研究成果在各行业中的分布比例，可以得出国内学者在质量管理和保障层面的研究结论。基于行业分布，国内涉及质量保障与监管的研究，集中于农业产品、建筑工程、生产制造、医疗卫生、通信和交通等几大行业。由此可以看出，众多学者通过在各个领域进行系统研究，为建立和完善各行业的质量管理和保障体系提供了理论依据。

国内专家学者的相关研究主要从以下几个方面展开：

首先，在安全管理研究方面：曾咏刚和陈毅然（1994）对造成安全问题的成因进行了探索，认为主要原因包括员工安全意识差和素质低，安全规章制度不健全，生产技术和设备落后，安全矛盾突出，工作环境条件差等，提出在企业安全管理中运用安全检查表并采取打分法进行有效评估。朱世伟（1994）认为，政府需要建立专门负责安全生产综合性管理的相应职能部门，加强对各地区、各行业和各企业安全生产活动的有效监督管理。钱朋寿（1995）分析了安全管理工程的负熵机理，认为要想消除一些不安全因素对安全生产的不利影响，就必须不断向生产系统投入必要的人、财、物、信息以及时间等要素，因此负责安全管理的各利益相关者都应当给予投入和关注，进而从法律、行政、经济等途径促使安全工程实现循环运行。陈明利（2012）在研究中引入了安全文化理念，认为安全文化有利于促进安全管理沟通，所以建议企业应加强安全文化建设。

其次，在质量管理与保证研究方面：张群祥（2012）分析了质量管理如何影响创新绩效的基本机制，证明了基础的质量管理实践可以促成风险认知、自主行动和包容共存的心智模式，从而对产品和过程创新的绩效产生正向影响。王白璐（2012）构建了一个质量管理评价指标体系用于对药物进行临床试验，然后利用综合评分法对数据的有效性进行了验证，并建立了药物质量综合评价模型。王晓川（2013）指出，企业可以通过建立质量防错体系，有效降低或规避质量管理的隐性风险。而根据 ISO9001 质量管理体系标准，企业在质量管理中引入三角模糊数法，可以增强产品质量管控的稳定性。

最后，在质量安全与保障研究方面：祁胜媚（2011）在分析发达国家关于建立农产品质量安全管理体系的发展经验和借鉴农产品质量安全管理理论的基础上，从关键控制环节着手对农产品质量安全管理体系开展了实证研究，要求从种植、生产、检测、认证、流通以及消费等环节加强农产品质量安全管理。孙波（2012）系统研究了我国水产品在现阶段的质量安全管理现状，指出为了提高水产品质量应建立相应的质量安全管理与保障新模式，以此对水产品供应链上的各个利益相关者和全部要素进行有效整合，并提出了一个基本设想——构建基于区域化的水产品质量安全综合性管理体系。周鹏、王国龙、李承强（2014）分别对电气工程中的材料设备供应、工程设计和项目施工等重要环节进行了深入探究，然后从建立安全管理制度和开展安全教育等方面制定了电气工程质量的控制策略。

由于我国各个领域的质量安全形势非常严峻，因此很多学者对该问题进行了长期研究，主要关注质量安全管理的动力、质量安全协作、质量安全绩效评价体系等方面。前人对质量安全管理的研究从单纯分析安全问题到建立企业安全管理文化、从设立质量安全规章制度到培养质量安全意识，从被动管理到主动预防，皆体现了"以人为本"的质量理念。质量安全问题重在构建管理体系，并分析其与组织绩效的关系，为建立质量管理与保障体系提供动力。质量与安全问题几乎是所有行业存在的"通病"，但不管是哪个行业的质量管控，其基本思想都有共同之处，即产品质量离不开各个利益相关方的共同协作，质量安全管理渗透着"质量流""质量链"的原则。

2.3 建筑质量管理与保障国内外研究综述

2.3.1 建筑质量管理与保障国外学者研究现状

第一，关于建筑物质量安全鉴定方面：在质量管理上一些发达国家已经建立了相对完善的监管体系，其中法律环境的完备性和经济环境的公开性是发展和优化既有建筑质量管理体系的核心要素。比如美国、新加坡和日本等国家都制定了有针对性的法律法规或标准，规定对建筑物在使用期内必须进行强制性的周期性鉴定。在美国，关于建筑物的安全鉴定和维护，国家法典（National Construction Safety Team）做出了相关规定，而各个州也根据不同区域的特点配有相应的法律法规，在国家层面和各州层面都制定了一个财产维护法（Property Maintenance Code），其中有关条款对建筑工程及其附属物的结构、功能和安全等方面做出了严格规定，并对违规情形制订了处罚条款和处罚额度。另外，国际在役建筑法（International Existing Building Code）和国际财产维护法（International Property Maintenance Code）中对建筑物在使用期内应达到什么样的安全状态进行了详细、明确规定，同时对建筑物如何进行安全鉴定也提出了详细的要求。20 世纪 70 年代中期，美国还提出了一个建筑物安全性评估程序。在新加坡，制定的《建筑控制法》（Building Control Act）明确规定，用于居住的建筑物，即工业、商业、公共等建筑物（但不包括特殊建筑物）必须在建成后五年进行强制性鉴定，而且之后每隔五年都要进行一次质量安全鉴定。对完全用于居住的建筑物和特殊建筑物等，要求在建成后十年进行强制质量安全鉴定，同样以后每隔十年都实施一次。该法律还规定了对建筑物实施安全鉴定的具体措施和办法，要求业主（建筑物使用者或运营者）在接到建筑署通知后，应及时聘请结构工程师按照规定的程序和方法对建筑物进行安全鉴定。而且，当业主拒不执行通知的要求时，建筑署就有权聘请结构工程师或自行对建筑物实施鉴定，并且对建筑署在依法行使该职权时所发生的一切合理的成本费用，有权要求业主来承担。对于从事建筑物安全鉴定业务的结构工程师的资格要求，该法律也做出了明确规定。在日本，鉴于地震多发的国情，建设省专门制定了《建筑物鉴定方法和检验手册》《建筑物维修改造与管理》和《建筑物损伤与对策》等文件，要求建筑物必须具有抗震性能，在使用中还要加强日常维护工作。依据《建筑基准法》相关内容与立法规则，日本的抗震组织发布了《抗震建筑的维护管理基准》，其界定了应急、详细、竣工和定期检查的"抗震的建筑体检"标准。另外，在对抗震建筑进行"安全质量体检"时应由从属于该协会的专业人士来完成。

第二，建筑质量安全管理方面：布莱尔（Blair，1996）针对建筑安全问题提出了一个全面安全管理的思想，即建筑工程的业主方、承包方、设计方以及政府部门、保险公司等相关主体都应对建筑安全负有一定的管理责任。鉴于工程设计在建筑安全中的重要性，甘巴泰萨等（Gambatese et al，2000）界定了设计安全的内涵。认为设计方是建筑质量与安全管理的主要参与者，应对建筑安全承担相应责任。乔杜里（Choudhry，2007）通过对中国香港地区发生的建筑安全事故进行调查，发现影响建筑安全的基本因素之一是工人的不安全行为，而导致工人出现不安全行为的原因主要是工人对安全不够重视、工作关系（工友的态度）不良、工作压力过大以及可能会引起不良心理反应的经济因素等。且韦睿和卡布兰（Dweiri & Kablan，2009）提出，建立建筑工程施工质量的保障体制，有利于促进建筑施工项目整体质量水平的提高。为此，要建立一个质量安全管理目标，制定对建筑工程质量实施监督的方案，并编制一份《建筑工程施工质量手册》，从而提高对建筑工程施工质量进行有效控制的能力。潘勒尼斯沃然、尼格、库马拉斯瓦米（Palaneeswaran，Ng & Kumaraswamy，2010）在研究中发现，工作质量是保证产品质量的前提，因此为了提高建筑工程质量，应将全面质量管理贯彻到建筑工程施工的各个方面，也就是说除了对工程实体质量进行管理控制外，也要对参与工程建设的各个主体的工作质量进行管理。

综上所述，国外对有关建筑质量安全管理与保障问题的研究主要集中在以下五点：一是如何对房屋建筑物的质量与安全进行鉴定以及相关政策法规的制定，二是从参与建筑工程的相关主体角度加强建筑安全的全面管理，三是单个组织和员工个体对建筑安全的影响，四是建立建筑工程质量保障机制对提高建筑质量的作用，五是提高建筑工程的工作质量是保证建筑质量的前提，等等。但是，国外学者对建筑质量安全管理的研究没有把主要的参与者纳入到一个系统中进行整体研究，也没有对保证建筑质量的具体机制进行全面细致阐述。

2.3.2 建筑质量管理与保障国内学者研究现状

首先，关于建筑物质量安全鉴定及培训方面：1989 年，由建设部出台的《城市危险房屋管理规定》旨在有效管理城市中的危房，从而保障百姓居住安全和房屋使用安全。2004 年 7 月，该规定进行了修订。1991 年，建设部还发布了《城市房屋修缮管理规定》，明确要求有关责任人（如房屋所有人或者负有修缮义务的人）应当定期对房屋进行勘查。然而，我国到目前为止还没有明确的制度规定必须对建筑物进行定期鉴定，也没有在这方面建立相关的法律法规，尚未形成完整的质量管理体系对城市已建成民用建筑进行有效监控。不过，在学术界已有不少学者和机构对相关问题展开了研究。清华大学深圳研究生院所属的土建工程安全研究中心联合协作单位深圳市建设局（2008）共同开展了关于建立全寿命周期的城市建筑物质量安全管理制度的课题研究，经过对发达国家和我国港澳台地区关于建筑物质量安全管理的制度建设和实践经验进行对比研究，再结合分析我国内地建筑物管理法规发展现状，系统总结了我国建筑质量安全管理所存在的主要问题。张协奎、成文山（1997）针对《房屋完损等级评定标准》对房屋完损等级的评定只给出定性分析指标的缺点，利用了层次分析法来尝试构建一个能够进行定量分析的综合评价模型。尹冬岭、付昕（2005）认为，各级和各地区建设行政主管部门要组织实施对建筑物检测鉴定单位与从业人员的业务技能培训和管理工作以及加强与外部环境的协调工作，主张尽快对建筑物安全鉴定机构的专业资质进行专门审查。遇平静、卢谦（2007）主张要制定专门的法律法规或相应标准来管理在役建筑物的安全鉴定工作，同时应在《建筑法》中增加独立章节对"在役建筑物的安全鉴定"做出明确规定。杨顺武、伍冠玲（2007）研究发现，我国专门从事房屋安全鉴定工作的中介组织较少，并分析了其原因，指出社会化、市场化、专业化是我国房屋安全鉴定工作的未来发展方向，主张对房屋安全鉴定机构实行市场准入制度和从业资质动态管理制度，建议制定《房屋安全鉴定机构管理办法》，并在服务收费标准上做出统一规定。另外，研究还发现目前从事房屋安全鉴定工作的人员存在着凭经验进行安全鉴定、缺乏系统专业化的教育培训、执业水平不高等问题，因此难以保证建筑物安全鉴定结论的科学性和正确性。为此国家应对房屋安全鉴定行业实行注册工程师执业资格制度，保证从业人员的执业能力（如理论基础、受教育程度、技术能力和工作经验等）达到规定标准。贾增科等（2015）运用脆弱性理论对导致建筑施工安全事故的机理进行了分析，认为其根本原因是建筑安全管理系统存在的脆弱性，并基于此构建了评价施工项目安全管理系统脆弱性的指标体系（包括12个指标），然后基于 Vague 集建立了脆弱性评价模型，最后以三个施工项目为例进行了实证分析。

其次，关于建筑物安全维修方面：徐善初、李惠强（2003）通过对既有民用建筑出现的安全事故进行分析，认为有效预防安全问题的措施是定期对既有建筑物实施安全检查和维修，并提出通过在建筑物上设置永久性铭牌的方式界定和追求责任。邸小坛（2008）指出应建立建筑物定期安全检修制度，并对安全监测和评定的具体期限进行了讨论。张亚军（2009）提出应通过定期的质量安全监测以及正常的质量安全维护与修理等措施来保证土建工程在运营阶段（使用过程）中的安全性。李红艳（2016）专门研究了高层建筑物的维护保养和消防安全问题，指出高层建筑发生火灾会导致严重的人员伤亡和巨大的财产损失，认为做好高层建筑的消防安全工作，要坚持政府统一领导的原则，加强建筑工程的规划、设计、施工、业主、政府、消防、物业服务等单位之间的相互配合与协调，共同遏制火灾事故的发生，这对保障建筑消防安全至关重要。

再次，关于建筑物质量安全立法及制度体系建设方面：陈肇元等（2002）指出，建筑质量安全方面的规范、规程以及相应的各种条例、指南、工法等技术文件虽然都是技术标准的范畴，但它们本身不是法，不具有法律效力。因此，基于国家和社会公共利益的角度，政府部门需要在质量、安全、环保等问题上对土建工程的勘察设计、施工、材料设备供应等提出最低标准要求，并建立相关法律法规。方东平、李睿、邓晓梅（2008）通过对比研究国内、国外在房屋建筑物质量安全管理领域的法制建设、机构设置以及资金渠道等问题，对我国加强房屋建筑物质量安全管理提供了有益的借鉴。卢谦（2008）融合了中国古代的文化发展哲学和西方现代的战略思想，对建筑质量与安全管理进行了整体动态系统分析，为基于全寿命周期的建筑物质量安全管理制度的研究提供了依据。杨晓华（2009）从政府、行业协会和中介组织、企业等三个层面详细分析了我国目前建筑安全管理组织体系的设置情况及存在的问题，并据此建立了一个新的建筑安全管理组织体系。杨岭等（2013）为了克服当前建设项目众多而安全生产监管资源不足的矛盾，实现在不增加现有监管资源的前提下达到提高建筑安全监管效果的目的，通过对网格理论和网格化管理理论的系统研究，设计了网格化的建筑安全监管模式，构建了基于网格化的建筑安全监督任务网格和建筑安全监管组织网格，然后进一步分析了这一监管模式的协同机制。

最后，关于建筑工程质量保障方面：王明勤（2001）认为，保证建筑物的安全问题，可以从三个层面来着手，一是做好工程质量的事前预防，二是在工程施工中进行有效监督检查，三是在局部工程完工后要及时验收。另外，提高从业人员的综合素质、保证机械设备的正常使用和施工材料的质量、优化施工单位的质量安全管理制度、改善建筑工程的外部环境等措施，对完善建筑物的安全管理具有重要作用。薛李洪（2004）针对建筑企业的具体特点，运用综合分析和系统分析的方法，把建筑工程施工过程分解成若干个工序或环节，分析每个工序的质量、环境和职业安全健康等要素，然后利用过程控制方法对工程质量和安全进行控制，通过一体化管理最终实现建筑工程的质量安全目标。黄文武（2006）根据工程建设经验，在研究国内外相关文献的基础上，探讨了在建筑质量安全监督中可能出现的各种问题，然后提出了改革建筑质量监管机构、提高工程质量监督人员的素质和技术水平、明确分层次质量监督检查的相互作用和相关关系等对策建议。姚艺（2012）指出，加强建筑施工安全管理可以从三个层面解决：建立和完善建筑安全管理制度、培养管理人员的安全质量意识、投入充足的安全管理资金。王丽红（2013）认为，完善相应的建筑质量法律法规、健全建筑质量监督管理机制、科学组织施工、采用先进的施工手段、提高施工人员素质和质量意识等措施，有助于提高建筑工程质量。但保障建筑工程质量是一个庞杂的系统工程，需要通过完善工程委托代理、强化工程合同的激励和约束、加强施工现场的科学管理、重视人才队伍建设、严格质量责任追究等手段来建立完整的质量保障体系。

可见，国内关于建筑质量安全管理与保障的研究大多集中于建筑物的质量安全鉴定和人员培训、建筑物安全维修、建筑物质量安全立法和制度体系建设、建筑质量安全保障措施等问题的研究上，对建筑工程质量进行多主体保障的体制机制方面的研究仍然缺乏。

2.4　利益相关者与建筑工程管理相关问题国内外研究综述

在工程建设的不同阶段，都会涉及不同的利益相关者，而他们对工程建设和工程管理以及工程质量发挥着重要影响。为此，国内外众多学者从利益相关者角度开展了对建筑工程管理问题的研究。

2.4.1　国外学者对利益相关者与建筑工程管理相关问题的研究

各利益相关方的有力支持及参与能够促成建筑工程项目的顺利完成，且贯穿于整个项目成长周期。因此，国外众多业界人士关注了工程项目利益攸关方相互间的关系以及其对于工程建设的影响和身份定位对工程项目监管的重要意义。贝克、墨菲和费雪（Baker，Murphy & Fisher，1988）认为，建筑工程未能成功的原因主要受以下因素的影响，即建设方、承包方和客户之间的协调关系，与官方事业官员的内在关系，公共舆论导向的作用。盛（Shing，2002）认为，工程施工中有关参与方之间的冲突状态，特别是建设方与施工方之间，会严重影响设计、施工中对工程项目的建设要求的解读，进而导致建设成本增长和工期延长。克莱兰和爱尔兰（Cleland & Irelan，2007）研究主张，客户对工程项目的有效监督、负责态度以及企业高管人员的适当监督与管理，对工程项目的成功起着关键作用。奥兰德（Olander，2007）设计了工程利益攸关方影响力指标，以此来帮助管理方对工程项目的管理行为规范化。伯恩和沃克（Bourne & Walker，2010）基于澳大利亚某工程项目的分析，主张鉴于各利益攸关方对工程的影响程度不同，差异化的模式将有助于强化其对于工程项目的契合性。彻诺斯克（Chinowsky，2008）认为利益攸关方间必须强化知识的共享性，进而提升工程项目的效率与效果。武岳等（Yue Wu et al，2010）的 OS 模型强调了知识在个人、团队、组织、社会网络4个主体之间的转移和创造；安德斯等（Anders et al，2014）运用 SECI 分析了新产品开发项目中的知识创造组织沉冗问题。

　　国外专家对建筑工程质量管理的研究主要集中在对各参与主体质量行为的激励方面。基于建筑工程质量形成过程中项目业主（建设单位）的质量需求和各个承包商（施工单位、设计单位）等参与主体的质量自控，埃利奥特（Elliott，1991）认为激励是搞好质量工作的源泉，即建设单位要加强工程项目质量管理过程中的激励行为，这对提高工程项目的各个参与主体（利益相关方）的积极性非常重要，有利于工程建设符合业主或客户的质量需求目标。休斯和艾哈迈德（Hughes & Ahmed，1991）的观点认为，参与工程建设的企业组织和负责工程质量监督检查人员的素质是保证工程质量的关键，加强对各层次人员的工作绩效进行评价是成功实施工程质量管理的主要环节，项目建设单位充分利用对质量管理人员的绩效评价结果，有助于提升建筑质量管理水平。同时指出，建设单位作为工程质量管理的主要责任主体，一方面要加强自身对建筑工程的质量管理能力，另一方面还要采取有效措施发动工程承包商主动参与到工程质量管理中去。埃尔恩岑和芬妮（Ernzen & Feeney，2002）指出，建设单位和各承包商都是建筑工程质量的责任者和受益者，并特别强调了项目成本对形成工程质量所产生的影响，而且建设单位应采取有效激励措施以强化各承包商对工程质量负责的积极性。南彻和兰姆博瑞（Hnacher & Lmaberi，2002）则提出了对建设主体进行质量认证的问题，应将建设主体进行工程建设活动中的质量安全行为纳入规范的认证评价中来。另外，建筑工程的业主方不仅要改进自身的质量安全管理能力和行为，而且要加强对各承包方的质量安全行为的监督管理。加拿大标准协会（CSA，2012）研究表明，CCS 工程项目蕴含了有关利益各方的诉求，鉴于各方独立性较强，因而冲突和矛盾在所难免。CCS 的利益攸关方则期望更多地参与各项工程决策并阐明自身的利益。

国外研究现状表明，大多数学者集中于对工程项目的利益相关者的关系及其对工程建设的主要作用进行研究，探讨利益相关者对工程项目成功所发挥的影响。而对于建筑工程质量问题的研究，学者们的研究则主要关注包括建设单位在内的主要项目参与者及从业人员的工程质量管理能力和素质对提高工程质量的促进作用、加强项目业主对各承包商和其他工程质量管理人员的绩效评价对保证工程质量的重要意义、把各建设主体纳入质量认证评价中对改进工程质量的积极影响以及建设单位采取有效的激励措施来提高各项目承包商的质量管理积极性等方面。但是，国外学者对除建设单位和承包商以外的其他工程项目的参与主体对工程项目质量的影响因素的研究还非常缺乏，并对如何协调利益相关者之间的关系和改进各自的质量管理行为以实现建设单位对工程项目的质量目标的探索也存在很大不足，对从利益相关者角度提高建筑工程质量的方法和措施的研究还有待深入。

2.4.2　国内学者对利益相关者与建筑工程管理相关问题的研究

首先，关于建筑工程项目的利益相关者的分类研究：对建筑项目利益相关者的分类，许多学者都提出了不同的分类方法。王进、许玉洁（2009）借助问卷调查的模式，将大规模的工程项目中的关键利益相关者确定为 12 类，并从主动性、影响性、紧迫性和综合维度等角度进一步把这 12 类利益相关者具体细分为核心型利益相关者（建设单位、承包商）、战略型利益相关者（勘察设计单位、监理单位、材料与设备供应商、运营方、投资人、政府部门、高层管理人员）和外围型利益相关者（环保部门、工程项目所在社区、员工）等 3 大类，为工程管理者有效地协调不同的利益相关者对建筑工程的利益诉求提供了参考。王介石（2011）把建筑工程的利益相关者分为关键利益相关者（即对建筑工程项目参与性强、承担风险较多、对项目目标实现影响较大的群体或个体）和非关键利益相关者两类。作者对建筑项目全生命周期内的各类利益相关者进行了分析，最后选定项目业主（建设方）、咨询单位、勘察设计单位、各类承包商和分包商、监理单位、材料供应商、员工、金融机构、政府职能部门、投资人、运营方、媒体、公众以及社区等作为大型建筑工程的主要利益相关者。吴仲兵等（2011）则把工程项目利益相关者分为项目业主、设计单位、造价咨询单位、代建单位、招标代理单位、监理单位、材料和设备供应商、承包商、政府部门、社会公众、媒体等。马艳斐（2013）认为建筑工程项目在不同的建设阶段有不同的利益相关者：在项目决策和准备阶段，主要的利益相关方涉及施工、勘察设计、建设、金融机构、官方机构以及用户，这些相关者关系到工程项目能否通过审批、由谁负责施工建设、为谁进行工程建设、按照什么方案和技术建设、资金来源等前期筹备工作；在施工阶段，主要利益相关方涉及发包方、施工方、监理方、材料供应方等，他们直接控制着建筑工程的现场施工进度和施工质量等；在工程竣工验收阶段，主要相关方有政府相关部门、建设单位、施工单位、监理方、用户等，关系到项目最终验收以及结算。

其次，有关工程项目各有关利益攸关方的关系层面：沈涛涌（2011）指出，在许多建筑工程项目管理中，利益相关者之间的矛盾表现得越来越突出，严重影响了建筑工程的工期、成本、质量、安全和其经济利益，这样，探究工程项目有关利益各方之间的合作机制对确保项目工程建设成功具有重要意义，并提出了合作伙伴选择机制、合作动力机制、利益分配机制、信任合作机制、沟通协调机制、激励约束机制、风险管理机制等七种合作机制。吴孝灵（2011）针对 BOT 项目，运用项目管理、系统论、决策论、博弈论、信息经济学等理论，从委托代理角度分析了工程建设中的各利益相关者之间的利益协调机制。作者重点分析了在 BOT 项目招标、谈判、融资、建设等阶段各主要利益相关者存在的利益冲突，从他们之间合同关系协调的视角，利用博弈模型来设计相关的激励协调机制，以解决他们之间的利益矛盾。石爱玲（2012）研究了工程项目各利益攸关方之间的矛盾处理模式，认为由于各个利益相关方在工程项目中的利益取向不同，所以对工程的需求和期望也不同，从而产生了各种冲突和矛盾。如果处理不好利益相关者之间的冲突，就会使他们之间的关系摩擦增大，对工程的顺利实施形成障碍，为此项目管理者应建立一个有效的冲突处理机制，以便于对已经发生的矛盾与冲突进行解决，同时对可能要发生的潜在冲突和问题采取预防措施来进行主动控制。在研究中，作者对工程项目的利益相关者的冲突进行了归因分析，构建了利益相关者冲突处理模型，并提出了一个冲突处理解决方案。张晓倩、武赛赛、江燕等（2015）认为工程项目的利益主体之间存在着信息不对称，他们为了追求自身利益最大化而在彼此之间形成博弈关系。作者基于委托代理理论，构建了工程实施单位、工程主管部门和政府部门的职权委托代理博弈模型以及工程实施单位与各个承包商、供应商的契约委托代理模型，通过解析得出博弈混合策略均衡解。然后提出由强化职权代理模式逐步向契约代理模式转变、建立和完善有关法律法规、加强法律监督和行政执法检查、建立激励约束机制等措施来有效管理工程利益相关者之间的关系。

最后，关于利益相关者对建筑工程质量的影响研究：王宏杰（2008）定性分析了监理、业主、施工单位、政府部门及设计单位、供应方等相关者与建筑工程质量的相互关系及其质量管理责任。并提出需要各利益相关者加强沟通、明确责任、科学决策、相互协调、精心实施，这样才能确保工程建设质量。刘小艳（2012）识别了工程项目的主要利益相关者，阐释了各相关方对建筑工程的质量管理责任，构建了基于利益相关者的建筑工程质量管理动态模型。作者主要站在业主方的角度，按照建筑工程项目的建设阶段分别研究了业主方提高对工程全过程质量管理能力的技术方法和措施。张学明（2013）研究了工程监理人员对建筑工程施工过程中质和量的控制与协调问题，认为现场监理直接与施工班组和建筑工人接触，能及时发现和解决施工过程中发生的各种问题，这对确保建筑工程质量和实施进度有重要作用。赵丹平（2015）在分析各个利益相关方与公共建筑工程之间关系的基础上，探讨了多元主体（利益相关者）在参与公共建筑工程质量监督管理过程中所发挥的作用及存在的问题，并提出了相应的对策措施。杨植霖（2015）认为施工组织设计管理是工程项目质量保障体系中最核心的环节之一，主要以施工方为研究视角，分析了施工组织对建筑工程质量的具体影响以及如何优化施工组织管理，以提高建筑工程在施工阶段的质量。

国内学者从利益相关者角度研究建筑工程项目管理问题，主要出发点是采用何种方式协调利益攸关者的关系，根据各异利益相关方的诉求来强化他们之间的利益协调，以便更有利于完善工程项目的治理机制。虽然有部分学者研究了利益相关者对建筑工程质量的影响和作用，但从工程建设全生命周期分析在不同阶段不同的利益相关者分别对工程建设和质量控制发挥着什么作用以及所有利益相关者如何从系统整体角度来保证工程质量问题的研究还非常不足，也鲜有学者对基于利益相关者视角的建筑工程质量保障机制进行深入研究。

基于对国内外在相关领域的研究现状进行系统梳理和详细评述，本书从利益相关者视角，研究影响建筑工程质量的因素，从理论研究和实证分析两个方面探索这些利益相关者因素彼此之间的相互关系及其对建筑工程质量的作用机理，得到一个既有理论依据又经过实践检验的利益相关者与建筑工程质量之间的关系模型，在此基础上，设计一套基于利益相关者的建筑工程质量保障机制，这无论在理论贡献上，还是在实践价值上，都是一个值得探讨而且能够填补研究空缺的工作。

2.5　本章小结

本章主要从利益相关者理论、质量管理与保障理论、建筑质量管理与保障理论、利益相关者与建筑工程管理相关问题等四个方面对国内外学者所做的研究进行系统梳理和归纳，并对每一部分的国内外研究动态进行了评述。本章的研究目的在于为后续研究提供理论基础和方法借鉴，并有助于提供新的研究视角。

第 3 章

利益相关者和建筑工程质量
管理相关理论基础

3.1 利益相关者理论

利益相关者理论是由美国学者弗里曼（Freeman）于 1984 年提出的，在其成名作——《战略管理：利益相关者管理的分析方法》一书中，弗里曼提出了利益相关者的概念和模型，开创了人们对这一领域的研究，该书也因此被称为利益相关者理论的拓荒之作和奠基石。

3.1.1 利益相关者的含义

利益相关者理论是关于企业的管理者为了全面平衡和综合考虑各个与企业运营存在着某种关系的组织的利益诉求，基于该利益诉求对相关利益者进行的各种管理活动的理论。该理论的核心焦点在于，一个企业或组织的生存与发展不仅要考虑自身的核心利益，还要考虑多个利益相关者的影响，因为这些利益相关者往往是企业的要素投入者或者经营管理的参与者和监督者，基于此，企业既要追求自身利益最大化，也要关注利益相关者的整体利益诉求。

利益相关者是指存在于组织内外部环境中的任何一个对完成组织目标产生影响或者受组织经营管理行为影响的政府、企业、社会团体或个人，比如企业上游的供应商、下游的顾客、内部的雇员、企业的股东或债权人（如银行等）、同行业的竞争者、其他行业的潜在进入者以及政府、新闻媒体、行业管理部门和监督部门等。

由此可见，组织的生存和发展与这些利益相关者存在着互动关系和作用机制，一方面要考虑组织的经营决策对这些利益相关者会产生什么影响，另一方面也要考虑这些利益相关者对组织运营会产生什么影响。利益相关者概念的提出，使企业战略管理的思维发生了新变化，即企业要想制定出正确的管理决策，就必须要全面考虑利益相关者与企业自身的相互影响和关联机制，只有谋求建立企业与利益相关者的和谐共生关系，打造利益共同体，才能实现企业自身的良性发展并与利益相关者共赢的目标。

3.1.2 利益相关者的理论模型

由于利益相关者的行为能够显而易见地对组织的决策和运营产生影响，因此企业在制定战略和进行经营决策时就需要考虑到利益相关者的要求和意见。对于一般性的企业来说，利益相关者主要分为以下几类：一是资本市场上能够为企业提供资本要素的利益相关者，如股东、银行等；二是产品市场上与企业形成供应链关系或竞争关系的利益相关者，如供应商、顾客、竞争者等；三是组织内部的利益相关者，如股东、管理人员和一般员工等；四是与企业存在监督管理关系的利益相关者，如政府部门、媒体机构、行业协会等；五是能对企业形成制约作用的利益相关者，如工会、当地社区和社团、环保组织等。

基于上述分析可知，企业的发展与这些利益相关者密不可分，他们有的为企业经营分担了风险（比如股东、管理人员、一般员工等），有的为企业经营支付了成本，有的为企业提供了生产要素（比如股东、银行），有的为企业生产的产品提供了市场（比如供应商、顾客、竞争者等），还有的对企业经营活动进行指导管理和监督制约（比如政府部门、媒体机构、行业协会、环保组织等），等等。为此，企业在决策过程中应当对他们的利益给予着重考虑，同时要接受他们提出的合理要求和约束。企业与它的利益相关者之间的相互关系，如图 3-1 所示。

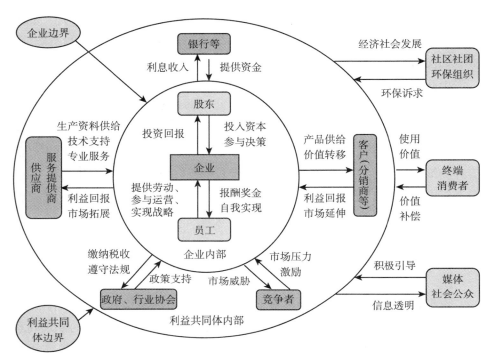

图 3 - 1   企业的各个利益相关者之间的互动关系模型

资料来源：根据茅启平《企业对外合作的利益相关者管理模式》（2013）等文献编制。

　　企业在制定战略决策时，它的每个利益相关者都期望自己的要求能够被优先考虑，以实现自己的利益目标。但是，由于这些利益相关者群体与企业的关系及其对企业的影响或重要程度不同，而且这些利益相关者们在企业决策中所关注的问题和焦点也往往有很大差别，有时还互相矛盾，因此他们也不可能对企业运营中的所有问题形成一致观点，这就需要企业根据自己的战略需要和经营目标来综合平衡各个利益相关方的意见和要求，有的利益相关者由于对企业的运营影响更大或更重要而被企业重点照顾，而另一些相关者则由于对企业的重要性较小和影响较低而给予一般考虑，这是企业在战略制定和决策中需要思考的关键问题。

3.1.3 利益相关者的角色分析

既然企业与利益相关者群体之间存在着各种不同的互动关系，就需要搞清楚在企业制定和实施新的战略决策时，每个不同的利益相关者他们都在发挥什么样的作用，担当什么样的角色地位，各自代表哪个利益集团。在企业实施变革的过程中，通过这种角色分析，可以清楚知道哪些利益相关者可能成为变革的促进者，哪些相关者可能成为变革的阻碍者，他们的力量大小如何，企业应该对他们采取什么态度。下面，我们采用两种方式来分析这些利益相关者与企业之间的关系及重要程度，识别不同的利益相关者对企业是意味着机会还是风险，掌握企业的战略变化对这些利益相关者的影响和利益相关者的行为变化对企业的影响，以便企业做好应对策略。

1. 权力—行为分析矩阵

以利益相关者对企业的权力（指支配力和影响力等）高低和利益相关者的行为变化（对企业所持的态度）的可预测性两个维度作为变量，来分析不同的利益相关者相对于企业的关系定位（或者叫位置），如图 3-2 所示。

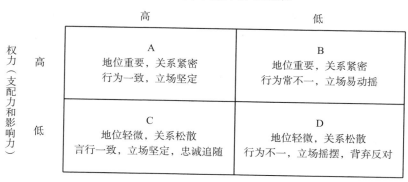

图 3-2 利益相关者的角色分析：权力—行为矩阵

资料来源：Freeman R E. Strategic Management：A Stakeholder Approach ［M］. Boston，MA：Pitman，1984。

　　图 3 - 2 描述了各个利益相关者相对于企业的定位（角色或位置），由此我们可以分析和判断在企业制定和实施新战略时应该如何管理这些利益相关者，以便利用他们的积极力量，规避他们的消极因素。

　　可以看出，位于 B 区的利益相关者是企业最难应对的群体，因为他们对企业的影响力和支配力都较大，地位重要，关系密切，但他们对企业的态度和在行为上是否支持企业实施新战略却很难准确预测，如果能对企业形成支持力量则会带来积极影响，如果他们阻碍企业实施新战略则会拖累企业发展。对这类相关者，企业要处理好与他们的关系，通过打造利益共同体，使他们尽量支持企业的战略决策；如果不能争取到他们的支持，企业要考虑是否需要寻找替代者或转换战略。企业也可以采用某种方法和手段来测试处于 B 区的利益相关者对企业实施新战略所持的态度如何，以提前做好应对措施。

　　对于 A 区的利益相关者，他们往往是企业忠实的支持者，他们对企业很重要，对企业制定和实施新战略发挥促进作用，因为这些新战略可能与这些利益相关者所期望的战略基本一致，为此这些利益相关者可能会参与企业的组织管理，以加强彼此的战略协调，维护共同利益。企业要争取这样的利益相关者，寻求与他们建立长期合作关系。

　　而对于 C、D 区域内的利益相关者，尽管他们对企业来说的地位较低，作用不是很大，但并非不重要，如果企业能够把这些利益相关者全部争取过来，形成对企业战略的积极支持，则会对 B 区的这些权力较大但态度摇摆的利益相关者产生积极影响，可能会诱导他们对企业新战略的态度发生转变。所以，企业要管理好 C、D 区域的利益相关者，多关注他们的诉求，经常保持沟通，协调各自的行为，企业在采纳新战略时要考虑他们的利益。尤其是 C 区的利益相关者，他们对企业战略比较支持，但地位较低，没有多大权力，所以企业要尽量满足这类利益相关者的利益关切和诉求。

2. 权力—利益分析矩阵

　　在此，我们以利益相关者相对于企业的权力（支配力和影响力）大小和企业战略对利益相关者产生的利益水平（或利益相关者对企业战略的关注程度）高低作为变量进行两维度分析，进而对利益相关者进行分类，判断不同的利益相关者对企业战略的关系定位（或叫位置），如图 3 - 3 所示。

		利益水平（关切程度） 高	低
权力（支配力和影响力）	高	A 位高权重，影响巨大 利益联系大，关注度高 主要参与者，投入最大精力	B 位高权重，影响巨大 利益联系小，关注度低 兴趣不足，维持满意
	低	C 地位较低，权力较小 利益较重，经常关注动态 表现较高兴趣，保持信息灵通	D 地位较低，权力较小 利益轻微，不太关心变化 参与度很低，投入最小努力

图3-3 利益相关者的角色定位分析：权力—利益矩阵

资料来源：Freeman R E. Strategic Management：A Stakeholder Approach［M］. Boston，MA：Pitman，1984。

显而易见，企业在制定和实施新战略时，应优先考虑A区的利益相关者对企业战略是否认可，因为他们位高权重，对企业产生的影响很大，同时与企业的利益关系紧密，会对企业战略表现出浓厚兴趣，所以他们通常是企业战略制定和实施的主要参与者或者对企业战略有较高的参与度。

而关系比较难处理的一般是B区的利益相关者，他们对企业拥有很大的权力，但利益关系不那么紧密，通常对企业战略不怎么关心，但并不影响某一特定事件可能会使这类利益相关者对企业新战略发生兴趣，进而有力影响企业战略的实施。尽管这些利益相关者对企业当前战略漠不关心，但要审慎考虑他们对企业未来战略的可能态度或反应，企业要付出一定精力处理与他们的关系，尽量照顾他们的基本利益，让他们对企业有一个满意的态度，否则他们可能会改变自己原先漠不关心的态度，利用自己强有力的地位对企业实施新战略进行阻止，那样企业就非常被动了。

需要强调的是，企业要对C区中的利益相关者给予正确对待，因为这类利益相关者的利益通常与企业战略和经营业绩有高度相关性，基于此他们对企业的发展动态经常关注，对企业变革表现出极大兴趣，可是他们对企业又没有太大的支配力和影响力，所以企业必须要通过经常性的信息交流与他们进行沟通，满足他们对自身利益的心理关切。另外，C区的利益相关者往往是企业实施新战略的重要"联盟"，他们对企业战略的积极支持，可能会影响 B 区的这些权力更大的利益相关者的态度，进而争取他们来支持企业战略。

对于 D 区的利益相关者，从权利－利益矩阵分析来看，它处于双低的地位，说明他们对企业的影响微不足道，与企业的利益联系也无足轻重，但得到他们对企业战略的支持也非常必要，所以企业要在这些利益相关者身上投入必要的精力进行最低程度的管理，不至于使他们成为企业战略的阻碍者。要适当考虑他们的利益关切，注意信息沟通，必要时对他们不一致的行动进行战略协调。

上述两种确定利益相关者相对于企业的关系定位或所处位置的方法（权力—行为矩阵和权力—利益矩阵）所得出的结论实际上具有一致性。这种分析方法的应用价值主要在于其能够阐释如下几个问题：

第一，组织内部的利益相关者（如股东、管理层、一般员工等）所持的价值观、教育背景和文化传统等，可能决定了组织的文化状况和价值取向；组织外部的政府、媒体和压力集团等，可能会影响企业的政治生态。而组织的管理理念、文化习俗和政治生态可能支持组织采纳某一特定战略，当然也可能阻止企业采纳新战略或反对企业进行变革，比如一个在成熟行业里具有一定地位的企业，可能由于已经有了较好的市场地位和稳定的利润而产生惰性文化，这样的企业往往不愿意采纳新战略或实施新变革。所以，明确利益相关者所处的位置的分析方法也是探讨企业文化适应性的方法，这种方法可以帮助企业找到影响企业实施新战略或进行变革的内在原因，即利益相关者为什么支持或反对企业新战略。

第二，能够确定出哪些利益相关者（个体或团体）是企业进行战略创新和变革的支持者和推动者，哪些是反对者和阻止者，如何对他们进行有效管理。对于某些特殊而重要的利益相关者，企业若要坚持进行战略创新或变革，则应考虑如何满足他们的利益诉求以获得他们的支持；若不能得到他们的支持，为了维持与他们的重要关系，企业要慎重考虑是否应改变战略。企业若要坚持采纳新战略或进行变革，则需要重新对不同的利益相关者的位置进行定位，做到区别对待，分类管理，尤其是如何克服反对者和阻止者的消极力量。企业若屈从于那些权力巨大的利益相关者的压力而对新战略进行调整，则要与原先的支持者做好信息沟通，尽量照顾他们的利益和期望。

第三，如果企业已经制定了明确的战略并付诸实施，而且也对利益相关者的位置进行了明确定位，那么就必须对相关的利益方进行经常性的协调和沟通，维持他们对企业实施新战略的支持，至少不是反对和阻止，尽量避免使他们面对企业新战略而重新调整自己的定位。因为利益相关者群体重新定位自己与企业的关系可能会改变他们对企业战略的态度，进而阻止企业战略的实施。总之，企业要采取各种措施维持与 B 区的利益相关者的关系，使他们对企业的经营活动保持满意；同时，加强与 C 区利益相关者的关系，保持信息沟通及时、顺畅，照顾他们的利益期望。

3.2 质量管理理论

3.2.1 质量和质量管理的含义

1. 质量的含义

关于质量的定义，历史上有两种观点，一是符合性质量观，二是用户型质量观。符合性质量观就是站在企业自身角度来看问题，认为质量是指产品是否符合设计要求。但这一质量观忽视了消费者的利益和对质量的诉求，因此缺乏合理性。用户型质量观则顺应了科技进步的发展和市场需求的变化，该观点认为，产品质量应坚持用户第一，即不管是从产品的开发设计、生产制造还是产品的销售服务等，在产品链条全过程中必须全面坚持用户第一原则，对质量的最终检验贯彻落实质量标准，质量评价要以用户满意为最高准则。因此，企业必须针对用户需求的变化快速反应，要动态的、全方位的掌握客户需求的发展趋势，及时提供能够满足客户明确的和隐含的质量需求的产品。

20 世纪 60 年代，约瑟夫·M. 朱兰（Joseph M. Juran）指出，质量就是适用性，也就是说任何一个企业组织的基本任务是能够提供出适应客户需求的产品。朱兰的观点同样是基于用户的立场来考虑质量问题，认为产品质量要体现用户对质量的感觉、期望和利益。因此，朱兰的质量管理思想得到了人们的普遍认可，并成为用户型质量观的代表性理论之一。

20世纪70年代，日本的质量管理专家田口玄一提出了一种全新的观点：质量是指产品上市后给社会带来的损失（这种损失不包括由功能本身所产生的损失）。这种观点不同于以往的正面定义，而是从反面来定义。根据这个观点，高质量的产品投入市场后给社会带来的损失少，而低质量的产品投入市场后给社会带来的损失则大。这一概念直接把质量的好坏与基于质量产生的经济损失相联系，为之后的经济效果定量化提供了可能。

需要指出的是，虽然用户型质量观、朱兰的"适用性"质量观和田口玄一的损失衡量质量观都具有一定的适用价值和科学合理性，但是从质量概念的涵盖面的广泛性、实践中的可操作性以及概念本身的科学性等角度看，到目前为止，综合性最好、最恰当的还是国际标准对质量概念的阐释。

在ISO9000：2000标准中，质量这一概念是指"一组固有特性满足要求的程度"。其中，对于"质量"这一术语，可以用好（或优秀）、差等形容词来描述；定义中"固有的"则指某事或某物中本来就有的属性，其反义词是赋予的。国际标准对质量定义中的术语"要求"是这样解释的："明示的、通常隐含的或必须履行的需求或期望"。这一表述有四个说明：第一，"通常隐含"指的是组织、客户或其他相关者的一般做法或惯例；第二，"特定要求"包括诸如产品要求、顾客要求、质量管理要求等具体特定类别；第三，"规定要求"是指经明示的要求，也就是在相关文件中已经阐明如何来做；第四，"要求"可以由文中上述的不同利益相关方提出。对于"质量特性"，国际标准的定义是"产品、过程或体系与要求有关的固有特性"。固有的特性就是事物本来就有的属性，特别是事物本身具有的那些永久的特性，因此，赋予产品、过程或体系的特性就不是这里所讲的质量特性，比如产品的价格和所有者等。产品的质量特性可以归纳为性能、合用性、安全性、可信性、经济性和美学等方面。

根据上述分析，质量的含义可以具体深化总结如下：第一，质量既指活动或过程形成的最终成果，也涵盖促进质量形成和质量实现的活动或过程本身；第二，质量一方面是指最终产品的好坏，另一方面也包含了最终产品形成和实现过程中的工作质量及其相关的质量保证体系；第三，质量要满足众多利益相关者的需要,包括顾客、供给方、从业人员和社会等;第四,不仅在工业领域需要追求质量,而且在服务业和其他行业也需要关注质量。

2. 质量管理的含义

质量管理是指企业为加强产品质量而采取的计划、组织、指挥、协调、控制等一系列职能管理活动。具体而言,质量管理活动既包括由企业的最高管理层负责制定质量方针和质量目标,也包括由其他质量管理部门(中低管理层)负责组织实施的质量策划、质量控制、质量保证和质量改进等一系列相关活动。

为了对质量管理进行深入理解,下面从三个方面或角度做进一步阐释:

首先,质量管理活动是通过最高管理者先行制定合理的质量方针和质量目标,再由下面的技术部门或生产部门按照质量方针和目标做好相应的质量策划和指标分解,并通过相关质量部门辅助实施质量控制、质量保证和质量改进等工作,从而贯彻质量方针和实现质量目标。

其次,企业在经营过程中需要设置相应的机构部门,组织对计划、人员、物料、设备、技术、财务、质量、环境以及供产销等方面进行全过程、系统化的管理,这样企业才能在产品质量形成的每一个环节进行有效的质量管理和控制,以满足客户和其他利益相关方的质量诉求。

最后,质量管理应贯彻到组织的每个部门、执行在生产经营的每个过程和环节。为此,把质量管理分为以下五个步骤:第一,最高管理者(如总经理)负责制定和发布企业的质量方针和质量目标;第二,要树立全局观和系统思维,建立全面的质量管理体系;第三,需要配备充分的人力、物力、财力等资源,保证质量方针和质量目标能够实现;第四,做好组织机构和各级管理者的分工与合作,分清职责,按照质量管理计划开展相应质量活动(如质量检查);第五,所有部门(包括非生产部门)充分调动本单位员工参与质量管理的积极性,发扬主人翁精神,为质量管理建言献策,把物质奖励和精神奖励相结合,营造全员参与质量管理的氛围,从而促进策划、控制、保证、改进等质量活动在企业生产的全流程、全环节的顺利实施。

综上所述,质量管理的载体是要在企业内部建立一个完善的质量管理体系,即首先由企业最高管理者制定科学的质量方针和质量目标,其次由产品质量管理层即技术部门负责质量策划，策划合理通过后再由质量管理部门做好质量控制和质量保证，最后通过由全体员工和所有部门开展质量改进活动使得质量目标落地结果。我们把质量方针、质量目标、质量策划、质量控制、质量保证和质量改进等质量活动的关系绘图，如图 3 - 4 所示。

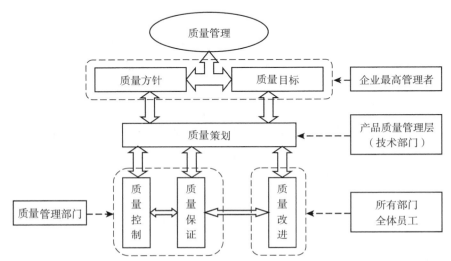

图 3 - 4 质量管理及相关质量活动的关系（质量管理体系）

资料来源：参考有关文献并结合个人观点自制。

对于质量管理定义中有关名词的含义，现做如下解释：

质量方针是企业的质量大纲和质量定位，是企业最高管理者对产品质量进行有效管理的承诺和指导思想。总经理负责制下企业的质量方针就由总经理负责制定并颁布实施。一旦确定，便会形成正式文件传达到企业各部门和各管理层级，要求所有部门和每个员工都要在具体工作中落实到位。

质量目标则根据质量方针来制定，是质量方针的具体表现，是组织进行产品质量管理必须要达到的最终目的和目标。质量目标既包括企业内部目标，也包括对供应商提出的质量目标和满足用户需求的质量目标。质量目标要具有可操作性，要便于管理者组织实施和检查。

质量策划的基本任务就是根据质量目标确定质量管理工作的主要内容、解决措施和质量管理组织结构以及对应的职责和权限，在此基础上规定质量管理的必要运行过程（程序）及相关的资源配置，以期保证质量目标的实现。

质量控制作为质量管理工作的实施环节，其主要任务是借助一系列质量管理手段或措施，最终使产品质量达到规定目标。也就是说，质量控制是这样一个过程：首先，要事先设定一个科学可行的质量标准，其次，用适当的质量方法和质量测量工具进行操作，最后，根据质量标准对产品质量的测量结果进行合格与否的判定，如果有质量问题，就对造成质量不合格的原因进行分析，找到解决措施，最终使一切产生质量不达标的问题得以消除。质量控制几乎涵盖了产品质量形成的全过程和所有环节，涉及企业内部和外部绝大多数生产经营活动，包括产品设计阶段；机械设备的设计、制造、检测、安装、实施阶段；人力资源的配备和组织分工阶段；各种原材料和辅助材料的采购阶段；产品生产加工阶段；质量检验阶段；市场营销阶段以及售后服务阶段等。

质量保证是指企业为了使人们能够确信其提供的产品、过程或服务的质量达到他们的质量要求所进行的有计划、有组织的全部活动。通俗来理解，质量保证就是企业为了向客户证明其所生产的产品能够满足客户的质量要求，让客户可以对其充分信任，因此在质量管理过程中实施根据需要进行的质量证实活动。所以，获得客户对产品质量的认可是质量保证的核心含义。企业为了向客户证实其提供的产品质量管理体系的有效性，通常情况下会通过一定的方式来证明，比如提供产品合格证书、由第三机构出具的合格质量检验报告书、由国家认证部门出具的认证证书等。

质量改进是指在整个组织范围内通过采取各种措施来提高产品、体系或过程中满足用户对质量不断提高要求的能力，进而使质量达到一个新高度。也就是说，质量改进致力于增强企业满足客户对质量要求的能力。质量改进的对象既包括产品（服务）质量的改进，也包括（各部门）工作质量的改进，涉及质量管理的全过程。质量改进的过程实际上是一个计划（plan）、实施（do）、检查（check）、处置（action）等四个阶段的循环（即 PDCA 循环），而且该循环是一个不断进行螺旋式上升的过程。首先是计划阶段：制定质量方针、质量目标、质量计划书和质量管理项目等；其次是实施（执行）阶段：按照预先制定的质量计划去做，落实改进质量的具体对策；再次是检查阶段：在实施了具体的质量改进对策后，验证这些质量措施的效果；

最后是处置阶段：总结在质量管理和改进过程中的成功经验，并对这些质量措施和经验进行标准化，这样就可以在以后的质量工作中依照该标准进行管理。而对于在上一个循环中没有得到解决的问题，可以转到第二轮 PDCA 循环中继续进行解决，并为制定第二轮的质量改进计划提供依据，如图 3 - 5 所示。

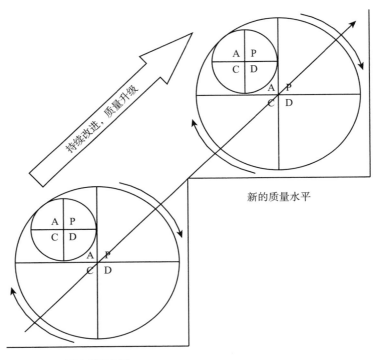

P——计划：分析问题，制定质量方针，建立质量目标和过程
D——实施：按照质量计划执行，落实具体质量对策
C——检查：验证、监视、测量质量措施的执行效果
A——处置：总结成功经验，形成标准，防止再发生，以后按该标准进行。
分析问题，转入下一循环

图 3 - 5　质量改进的 PDCA 循环

资料来源：尤建新，周文泳，武小军，等. 质量管理学［M］. 北京：科学出版社，2016。

3.2.2 产品质量形成的过程及规律性

1. 朱兰质量螺旋模型

实践证明，产品质量不是简单地制造出来的，也不是事后检验出来的，而是有一个从质量产生、质量形成到质量实现的完整的过程，在这一质量管理的全过程中，每一个环节、每一个部门和每一个员工都会直接或间接地对产品质量产生影响。美国质量管理学者朱兰（J. M. Juran）建立了一个著名的质量螺旋模型，能够用于描述产品质量的形成规律。该模型是一条螺旋式上升的曲线，按照一定的逻辑顺序把质量管理全过程中的各个质量职能串联起来，给我们呈现出质量形成的整个过程。之后的学者就把这个模型称作"朱兰质量螺旋"，如图 3 - 6 所示。

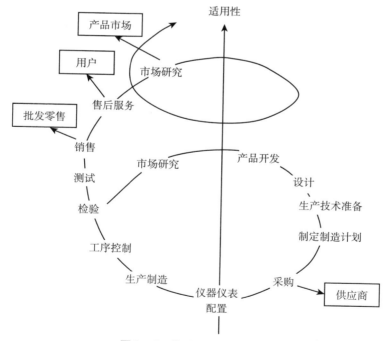

图 3 - 6 朱兰质量螺旋模型

资料来源：约瑟夫·朱兰．朱兰质量手册．6 版．北京：中国人民大学出版社，2014。

从质量螺旋模型可知：

第一，形成产品质量的整个过程共有 13 个环节，分别是市场研究、产品开发、设计、生产技术准备（制定产品规格）、制定制造计划（生产工艺）、采购、仪器仪表配置、生产制造、工序控制、检验、测试、销售（批发零售）以及服务（售后服务），这 13 个环节也是 13 个质量职能，它们之间相互联系、相互依存、彼此促进，共同构成了循环上升的系统。

第二，产品质量的形成与发展是一个相辅相成、循序渐进、螺旋上升、不断改进的过程。模型的 13 个环节构成了一个完整的质量循环，而且每经过一轮循环就推动着产品质量上升到一个新的平台，经过这样一轮一轮的循环，产品质量就会有所改进甚至是突破性的进步。

第三，13 个环节环环相扣、依次递升，因此必须对质量链条的每一个环节进行有计划、有组织的控制。因为质量形成是一个系统，系统质量目标的实现依赖于每个环节（即每个质量职能）的落实情况和各个环节之间的相互协调。

第四，质量的形成和发展是一个开放系统，与外部环境发生着密切联系。一方面，质量管理涉及企业内部的所有员工和各个部门；另一方面，也涉及企业外部的组织或个体。如物料采购环节与供应商发生联系，产品销售环节与批发商、零售商和用户发生联系，售后服务环节也会与客户有关，每个环节所需人力资源需要由社会来培养和提供等。所以，质量管理需要考虑企业内外部的各种影响因素。

第五，人是质量形成过程中最具能动性、也是最重要的因素。因为每个质量管理环节（质量职能）的工作都需要由人来完成，所以对人的管理以及人自身的质量就成为决定工作质量和过程质量高低的基础保证。

从图 3－6 中可以发现，朱兰质量螺旋模型能够形象而深刻地阐释质量形成的全过程，并能够揭示其客观规律性，因此朱兰质量模型成功地奠定了现代质量管理的理论基础。

2. 朱兰三部曲

朱兰提出的质量螺旋模型有效揭示了质量形成的过程和规律，具有丰富的理论内涵和重要的实践价值。但从本质上讲，产品质量形成的全过程和所有环节，可以大致归纳为三个管理环节，分别是质量计划、质量控制和质量改进（它们的含义前面已经介绍过了，在此不再赘述）。用这三个环节来解释质量形成的规律更加简洁明了；同样，用这三个环节来指导质量管理的全过程，也可以做到重点突出。通常，人们把这三个质量管理环节称为"朱兰三部曲"。

质量计划就是制定一个能够满足质量标准化规定的工作程序，包括选定客户、了解客户需求、开发能满足客户需求的产品或服务、设置产品（质量）目标、设计能满足产品目标的流程等。

质量控制就是考虑何时采取什么措施对什么质量问题进行纠正偏差，以符合质量规定。包括确定质量控制点、选择测量单位、设置测量、制定质量性能标准、测量实际质量性能、分析实际质量与质量标准的差异、采取纠偏对策等。

质量改进就是采用有效的方式促进产品质量持续提高，以满足用户更高要求的过程，包括选择质量改进项目、组建质量改进团队、发展改进原因、制定质量改进方案和措施、实施改进、处理冲突、对改进成果采取控制程序等。

这三个管理步骤既相互联系，又各有自己的目标，它们的关系如图 3 - 7 所示。从图中可知，质量三部曲运行的起点是制定质量计划，也就是编制一个有能力满足的既定质量目标，并在规定条件下运行的工作流程。然后，把已经完成的质量计划转交给操作人员，由操作者根据质量计划确定的目标、标准和措施对质量偏差行为进行控制，从而把产品质量和工作质量控制在计划规定的范围内。但是，如果质量计划制定得不够科学合理，那么操作人员按照质量计划实施质量控制就会导致更严重的质量不合格问题。在这种情况下，高层管理者就需要通过质量改进来调整质量计划，优化质量目标和质量标准，提高管理水平和技术能力，并对质量控制手段进行完善，从而使工作质量和产品质量得到更好的改善。质量改进后取得的经验和教训又可以进一步反馈到下一轮的质量计划和质量控制工作中去，这样质量管理过程就变成了持续改进的质量循环链。

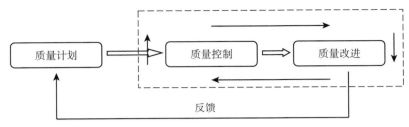

图 3 - 7 质量三部曲

资料来源：根据"朱兰质量管理学说"编制。

3.2.3 质量管理的思想和原则

ISO9000 国际标准提出了质量管理的八项原则，这些原则是多年来众多质量管理学者对质量管理理论和实践经验进行系统研究的总结，能够充分反映现代管理科学的基本思想和原则，因此被企业奉为质量管理的理论基础和一般性规律。

1. 质量管理关注的焦点是顾客

任何一个组织的生存发展都离不开顾客，组织的质量管理应满足顾客要求甚至要超越顾客对质量的期望。为此，应通过调查对顾客的质量需求和期望进行识别和了解，并确保组织的质量目标与顾客的质量需求和期望是一致的。为了满足顾客的需求和期望，组织内部要能够进行质量沟通和交流。组织还要对顾客的产品质量满意度进行测量，如果质量满意度低于预期，就需要采取相应的措施进行改进，以期全面管理好与顾客的关系。

2. 质量管理需要充分发挥领导者作用

任何一个组织质量水平的提升都需要由领导者来负责确定统一的质量宗旨和方针，并为员工可以充分参与质量目标的制定和实现而创造良好的内部工作环境。为此，领导者应起到如下作用：关注组织利益相关者的需求和期望；为组织清晰描绘未来的愿景；为实现愿景而制定具有挑战性的质量目标；在所有管理层次和部门建立关于质量的公平公正、价值共享和伦理道德理念；赋予员工职权范围内的质量管理自主权，并为其提供必要的培训和资源。

3. 质量管理需要全员参与

企业中的每一个员工都需要参与质量管理，应充分利用所有员工的才智为质量管理做贡献。为此，管理者要让每一个员工明白自己在组织的角色和其对质量管理中做出贡献的重要性，要让员工树立主人翁意识，以主人身份去解决问题。在工作中疏导并用，引导员工依据个人的质量目标评估自己的业绩，使其自主改进自身的缺陷，给员工提供充足机会来提高自身的知识、能力和经验。

4. 质量管理需要应用"过程方法"进行

在生产经营中，把资源输入生产系统，通过实施有效管理和采用适用技术，将资源转化输出，这就是一个包含了一系列活动的过程。对这个过程进行系统分析和管理，并处理好过程中不同活动之间的关系，就是所谓的"过程方法"。应用过程方法，需要进行如下工作：为取得预期的质量结果，企业要系统识别所有的质量活动；确定每个部门和员工在质量管理工作中的权限和职责；对关键质量活动的能力进行识别和测量；研判各管理职能之间以及内部质量活动是否实现良好对接；识别对组织质量改进活动有重要影响的各种因素，如人员、材料、资源、方法等。

5. 质量管理需要系统管理体系

在质量管理中，应对彼此衔接、相互关联的各个环节和整个过程进行系统地识别和管理，如此才能帮助企业更加有效地实现质量目标。首先，企业应建立一个质量管理体系，以提高企业实现质量目标的效率性和效果性。其次，理解质量管理系统中每个环节或过程的彼此依存关系。再次，每个质量职能部门应明确自己在实现质量目标中的作用和责任，减少不同职能相互交叉带来的障碍；同时，了解企业的能力，在采取质量行动前掌握资源的可得性；然后，设定质量目标，知道如何管理系统的特殊质量活动。最后，通过质量测评，持续改进质量管理体系。

6. 质量的持续改进

企业的一个永恒主题就是持续不断地改进包括质量在内的总体业绩，也就是所谓的持续改进原则。运用这一原则加强质量管理，应从以下对策着手：在企业范围内利用成熟的经济技术方法来持续提升质量业绩；努力为员工提供各种培训机会，以掌握质量持续改进的知识和技能；因势利导，让每位员工把产品质量形成过程和管理体系的持续改进当作自己的工作目标；树立质量目标评级体系，并用以指导员工改进工作，评价和追踪部门和员工持续改进工作的效果。

7. 基于事实进行质量决策

有效决策依赖于获取真实、充足的数据，并进行科学的信息分析。要做好质量决策，需要做到如下几点：企业获取的质量数据和信息要保证充足、可靠和准确；把真实的数据信息提供给需求者；质量管理者应用科学的方法进行数据分析；管理者要权衡经验直觉，以事实分析为基础进行质量决策，并采取对应措施。

8. 组织与供方是互利的关系

企业的产品质量与供方存在关联关系，双方建立互利关系有利于两者共同提高产品质量和创造价值的能力。为此，企业在与供方确立互利关系时要平衡好短期利益和长期利益的关系；企业要与供方分享有关质量方面的资源和专门技术；企业在选择供应商时要有能力识别和选择核心的供应方；企业能与供方进行开放、清晰的质量沟通，企业产品质量提高会带给供方质量的提升的压力，而供方产品质量提升也反过来会给企业带来质量提升的动力；基于双方关联企业对供方在质量改进工作中取得的成绩要及时给予评估和奖励。

3.2.4 质量管理的基本程序

质量管理的基本流程（或程序），即 PDCA 循环（又被称为戴明环，由美国质量管理专家戴明最早提出）被企业在生产经营中严格遵守。PDCA 循环是指质量管理必须要遵循的四个阶段：第一阶段是计划（plan），第二阶段是执行（do），第三阶段是检查（check），第四阶段是处理（action）。这四个阶段的主要任务在前面（参见"质量管理的含义"部分）介绍质量改进问题时已经有所阐述，这里不再重复。质量管理的 PDCA 循环是一个不断进行循环上升的过程，经过这样一个过程之后，产品质量得到了进一步改进。具体分析参见图 3－5。

上述质量管理的四个阶段可以用八个步骤加以说明：第一，分析现状，找出在生产经营中存在哪些质量问题，并用获取的数据对问题做深度解析；第二，探究原因，筛选各种影响因素并分析各影响因素是如何导致质量问题的；第三，抓出主要影响因素突破，以期找到解决质量问题之法；第四，在抓主放次的基础上制定出质量提升计划和改进措施，具体内容包括编制质量计划的原因、产品质量要达到的目标、质量改进手段、执行质量计划和改进措施的负责人、实施时间等；第五，实际执行，也就是遵循既定质量计划去实施质量管理活动；第六，执行完毕后检查成果，即按照计划规定的要求、标准和内容，检查质量计划执行是否达到计划预期的质量效果；第七，总结经验教训，经过归纳后转化为制度和标准，在以后的质量工作中加以实施，防止质量问题重复发生；第八，把上一轮循环中没有解决的质量问题，转入下一轮循环继续解决。

质量管理的这 4 个阶段和 8 个步骤具有严格的逻辑性，是一个循环上升的过程，每经过一轮循环，就会推动产品质量以及工作质量在原来的基础上提升到更高的水平，这就是质量持续改进的过程。

3.2.5 全面质量管理

1. 全面质量管理的概念

全面质量管理（total quality management，TQM）是一种质量管理理念和模式，它强调以质量为中心，以全员参与、全流程参与为基础，以建立科学的质量体系为保障，目的是向顾客提供满足其需求的产品或服务，并使本组织所有成员以及整个社会受益，进而达到企业长期成功的愿景①。

全面质量管理涵盖了企业从市场分析开始，经过产品的设计和规划、原材料和辅助材料以及设备的采购、产品生产制造等环节，再到成品销售和售

---

① 根据国际标准 ISO8402－92 对全面质量管理的定义进行总结概括。

后服务，甚至废旧品回收等全过程中的所有活动；同时也涉及组织中的所有部门、所有节点和所有员工；是一种把包含在组织内各个部门的工作质量有效地整合成一个系统整体的活动范畴。

全面质量管理是一种实践性较强的质量指导准则，为企业的质量发展提供了有效的管理方法。企业应注重调动所有员工和部门的主动性与积极性，动员他们自愿参与到质量改进工作中来。

2. 全面质量管理的特点

第一，全面性。全面质量管理的研究对象是生产经营的全环节和全过程。
第二，全员性。全面质量管理的有效实施必须依靠所有员工。
第三，预防性。全面质量管理强调预防为先。
第四，服务性。指企业要为用户服务，用产品或服务达成用户的期望。
第五，科学性。必须通过现代科技手段和先进的管理方法进行质量管理。

3. 全面质量管理的意义

对于全面质量管理的作用，可以参阅美国质量学者戴明（W. E. Deming）提出的连锁反应原理（见图3-8）。

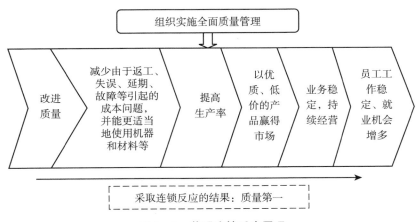

图3-8 戴明连锁反应原理

资料来源：宋庆强. 基于全面质量管理的 H 公司质量管理研究［D］. 昆明：昆明理工大学，2014。

从图 3 - 8 中可见，在组织内部实施全面质量管理，能够让所有员工的工作得到更好的保证，对企业而言也可以提高生产率，帮助企业赢得更多的市场份额，从而获得更加丰厚的利润。

全面质量管理理论强调质量管理过程的周而复始和循环推进，是一个永不停息、不断学习、循序渐进、持续提高的过程方法。因此，全面质量管理可以看做是质量改进的延伸，企业也需要借鉴有关质量标准体系（如 ISO9000）的理念和方法，这是企业有效实施全面质量管理的前提和基础。图 3 - 9 说明了全面质量管理是从传统的质量方法向持续质量改进转变的过程中演化而来的。

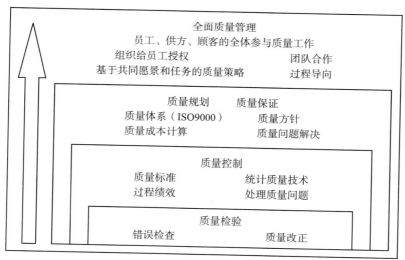

图 3 - 9　全面质量管理：传统的质量方法向持续的质量改进演变的结果

资料来源：宋庆强 . 基于全面质量管理的 H 公司质量管理研究［D］. 昆明：昆明理工大学，2014。

全面质量管理方法具有结构严谨、系统性和逻辑性强、思路清晰、方法简单、便于应用、效果明显等优点。把全面质量管理理论应用到企业生产实践中去，可以帮助企业及时发现运营中的质量问题，然后利用相关工具和方法研究质量问题和影响因素，找到产生质量问题的主要原因，之后立即采取质量纠正行动，同时还可以验证采取的质量措施是否有效，从而对正确的质量方法和措施进行标准化和固定化（制度、规则），最后还能对质量改进过程的有效性进行科学评估。在实施全面质量管理的过程中，企业必须重视以下几个方面的问题：一是树立以客户为中心的理念，一切质量行为要以满足客户的期望和需要为标准；二是要强调领导在全面质量管理中的重要性；三是遵循 PDCA 循环的科学程序进行质量管理，强调质量的持续改进；四是实行全员、全要素和全过程的管理；五是重视质量评审和审核。

从前述分析可知，全面质量管理追求持续地完善和改进生产运营中的全部过程和所有环节，不断制定更加有效的技术方案和工作方法，最终实现更有市场竞争力的、符合顾客期望的目标。全面质量管理追求的目标不仅仅局限于"标准"所规定的范围，也追求更高水平的目标。对企业而言，全面质量管理意味着用户是企业发展的动力，只有重视客户利益，全力让客户认同和满意，企业才能创造价值，从而长期获得市场青睐。企业在这样的经营环境、竞争压力和管理理念的引导下，只有持续地提高产品或服务的可靠性，不断的改进质量，才能确保自身的相对竞争优势，才能赢得长足的发展潜力。

4. 全面质量管理的工作方法和步骤

全面质量管理在生产实践中的应用，需要遵循一定的原则、方法和程序，归纳起来就是"1 个过程、4 个阶段、8 个步骤和 7 种工具"。

首先，1 个过程。是指组织生产经营全过程的质量管理，涉及目标设置、规划设计、采购、生产、销售、售后以及组织结构、人财物配置、指挥协调、检查控制等环节和要素。

其次，4 个阶段。全面质量管理的主要工作方法和指导思想是计划（plan）、执行（do）、检查（check）、处理（action）四个阶段的循环，即 PDCA 循环，又称戴明循环（这部分内容前面已有阐述，此处不再重复）。它是提高企业工作质量和产品质量、优化经营管理水平的科学有效的工作方法，可以在企业各个领域和各个层次的管理工作中进行应用。企业整体是个大 PDCA 循环，各个级别和每个部门都是一个小 PDCA 循环，彼此联动，相互促进。通过这个循环，可以把组织内部的各项工作有机联结起来。

再次，8 个步骤。这 8 个步骤在前面关于"质量管理的基本程序"部分也有阐述，此处省略。这 8 个步骤其实是对 PDCA 4 个阶段的进一步分解。

然后，7 种工具。主要是 7 种经常在质量管理中应用的数理统计方法，分别是控制图法、排列图法、调查表法、分组分析法、直方图法、因果图法和相关图法。这7种质量管理工具的原理和分析方法，请参见有关工具书。

3.3 建筑工程质量管理理论

3.3.1 建筑工程的界定

从狭义上讲，建筑工程一般指的是通过对各种类别的房屋建筑和其附属设施进行施工建造以及对与其配套的管道、线路和设备等进行安装所最终形成的工程实体。建筑工程的完整建造流程包括为新建或者改建、扩建的房屋建筑物及其相关附属设施而进行的项目规划、工程勘察与设计、施工以及竣工验收等各项工程技术工作和管理工作。换句话说，建筑工程就是房屋建筑物和附属设施的建造工程以及建筑的水电、设备、管道、线路的安装工程。

其中，房屋建筑物包括民用住宅、工业厂房、学校、剧院、医院、商场、酒店等建筑物；而附属设施建造工程则包括为建筑物配套使用而修建的水塔、水池、车库等；另外，管道、线路和设备等主要是指给排水、供电、通信设施以及电梯等。

另外，根据《建设工程质量管理条例》有关规定的解释，建设工程是指建筑工程、土木工程、设备安装工程、管道线路和装修工程等。从中可以看出，建筑工程和建设工程是有一定区别的，建设工程的范畴要宽泛于建筑工程，而建筑工程则仅是包含在建设工程中的一个部分。这样我们通常所讲的道路、桥梁、隧道、铁路、港口、水利枢纽以及市政工程等工程项目依据此规定解释就不属于建筑工程的范围，而是从属于建设工程的范畴。但是，需要特别强调的是，本书在此主要是从管理视角来研究工程质量问题，对工程建造以及影响工程质量的纯技术层面的问题不做过多探讨，所以本书的出发点是研究影响建筑工程质量的管理因素，落脚点是如何从管理方面提出完善工程质量的保障机制。据此，笔者在本书中，不对建设工程和建筑工程做进一步区分，本书中所指的建筑工程可以从更广义的角度去理解。因此，本书研究的对象——建筑工程质量问题，也涵盖了除房屋建筑物之外的其他建设工程项目（如市政工程、高速公路等）的质量管理问题。

3.3.2　建筑工程质量的含义

建筑工程是用来满足人们生产和生活需要的物质设施，必须符合一定的质量要求或标准才能具有特定的使用价值。建筑工程质量就是投资建设的工程项目是否符合国家建筑领域有关的法律法规、技术规范、施工和质量标准以及设计文件和建设合同等对建筑工程质量特性的系统性要求，建造的工程实体能否满足业主的质量期望和需求，核心是关注工程实体的质量，并由此与设计、施工、验收等工程建设各个阶段的工作质量和阶段性工程质量密切相关。建筑工程质量从狭义上理解就是指经过施工后形成的工程实体质量，从广义上讲则是除工程实体质量外，还包括工作质量和工序质量等。

3.3.3　建筑工程的质量特征

狭义上的工程质量关注的是建筑工程实体能否满足用户的使用要求，如工程设计是否科学合理和安全可靠，工程主体是否坚固、安全、耐用，地基是否牢固、抗沉降，通风、采光设计如何，内部构造是否合理、舒适等。建筑工程实体除了具备通用产品的一般质量特性之外，还具有以下特征：①适用性。即建筑工程的功能和实用性，是否具有满足应用的各种性能，如结构性能、理化性能和使用性能等。②耐久性。即建筑工程项目投产后符合合同规定的使用寿命如何。③安全性。指建造完成的工程在使用过程中是否有能力保证工程结构安全以及人身、财产安全免受损害。④可靠性。即工程项目在规定的条件下和规定的时间范围内使用，具备既定功能的能力。这与工程的设计质量、施工质量、质量监督以及最后形成的工程实体质量等密切相关。⑤经济性。在全生命周期中建筑工程项目满足经济性原则的能力。即在保证各种质量特征的条件下，工程施工是否节约以及减少了浪费，工程的使用和维护是否低成本。⑥与环境的协调性。工程项目建设应考虑经济与社会的可持续发展能力，因此建筑工程应与所在地区的经济环境、周围的生态环境和附近在建工程项目相协调。

广义上的建筑工程质量包括建筑工程在整个生命周期内各个建设阶段的工作质量和最终形成的工程实体质量，是指建造过程和最终实体满足建设单位、用户等各个利益相关方对质量特征和性能的明确与隐含要求的能力。广义上的工程质量具有如下特征：①要从全生命周期保证工程质量，包括工程项目策划、立项、勘察和设计、建筑施工、竣工验收、投入运营直至拆除报废等生命周期的全过程和各个实施阶段的工作质量（过程质量）。②衡量工程质量可以以利益相关者的满意度为标准，比如工程建设对建设方的投资收益、建设过程是否符合政府的质量法规和标准、对用户和社会公众的安全保证、工程运营的稳定性对使用者的影响、工程建设对社会的可持续发展的影响等，这些都是反映工程质量的重要方面。③工程质量应当能满足不同的利益相关者在不同时期的明确的或隐含的需求。④建筑工程质量还涉及其他方面的质量，如投资质量、安全质量、进度质量、环境质量等。

3.3.4 建筑工程质量的影响因素

可以对建筑工程质量产生重要影响的因素主要有以下五个方面：

1. 人的因素

据一项德国的研究数据显示，质量事故中有 75% ~ 90% 是由人为原因造成的[①]。在工程建设活动中，人是最重要的执行主体和组织者，是进行工程质量控制的核心主体，同时也是质量控制的客体，人的基本素质（如文化水平、思想意识、管理能力、技术能力、身体状况和工作经验等）会对工程质量产生直接或间接的作用。因此，应充分发挥项目决策者、工程建设方案的设计者、各级管理者和具体的作业人员的主观能动性，增强责任感和质量意识，保证工程建设各阶段的质量得以实现。

---

① 陈长智，张双杰，刘建华. 建筑工程施工过程中人为差错的控制研究［J］. 山西建筑，2010（12）.

2. 材料的因素

建设项目施工需要各种建筑材料作为物质基础，建筑工程质量的优劣直接受到材料质量的好坏的影响。建筑用的材料种类较多，各种材料的质量水平也良莠不齐，所以要控制好材料质量，这是保证建筑工程质量的基本前提。尤其是要保证结构施工中所用的材料质量合格，否则会对整个工程结构的质量与安全产生直接威胁。

3. 机械设备的因素

在工程建设领域，机械设备是现代化施工技术中必不可少的工具和手段，完善建筑设施设备的配备，维护好使用状态，既能提高建筑施工效率和降低劳动成本，也有利于保证施工质量，使工程项目达到施工设计预定的质量指标和技术要求。因此，应及时对机械设备进行检修或更新，降低设备的故障率，并定期校核计量工具，避免因机械设备使用不当或设备故障导致工程质量问题。

4. 施工技术和方法的因素

项目施工技术、工艺和方法主要是指工程建设全生命周期中所采用的勘察与设计技术方案、施工技术方案、施工组织设计、建造工艺流程、项目组织管理、工程检测手段等，这些施工方法（技术与工艺）是否科学合理，对建筑工程质量的影响是显而易见的。

5. 环境因素

影响工程质量的环境因素是指施工作业环境、施工质量管理环境和自然环境等。施工作业环境包括项目施工现场的平面布置、施工作业面的大小和建筑质量安全防护设施等。施工质量管理环境包括施工质量和工程质量管理制度、组织质量保证体系等。自然环境包括气象、水文、工程地质等。环境的优劣也会对工程质量产生某种特殊的影响，而环境因素在很多情况下又是不可抗拒的和不可预测的（如自然环境），因此，环境因素对工程质量的作用机制是复杂的、多变的。施工单位和建设单位应认真分析工程项目所面临的各种环境条件，加强预防，努力克服各种不利的环境因素对工程质量的影响。

3.3.5 建筑工程质量管理过程（质量形成的过程）

工程建设要经过项目决策、前期准备、施工建造和竣工验收等阶段，同样建筑工程质量的形成也要经过这些阶段，每个建设阶段对工程质量的形成所发挥的作用和影响是各不相同的，我们应当了解在各个阶段工程质量形成的特点以及每个阶段应该关注的影响质量形成的侧重点是什么。在不同的阶段涉及不同的项目参与者，我们应具体分析建设单位、施工单位、材料和设备供应商、监理单位、设计单位、政府部门、用户、社会组织以及媒体等利益相关者对工程质量的形成所发挥的作用或影响，探讨每个相关方对工程质量产生影响的因素有何不同，这些工程项目的利益相关者只有加强彼此之间的协调与合作，才能保证工程质量目标的实现。

1. 策划和决策阶段

建设单位在项目策划和决策阶段要根据建设规划和未来需求制定工程质量目标。在进行可行性研究和项目评估时，除了对建设方案进行论证、决策外，还要对工程质量要达到的技术指标或标准作出严格论证，最终制订出工程质量目标。项目决策阶段拟定的质量目标和实施方案对于在整个周期中各个阶段工程质量的形成都具有决定性的影响和作用。建设单位要始终把工程质量放在首位，以质量目标为控制手段来选择合格的设计单位、施工单位、供应商、监理方等参与主体，并对他们进行监督管理，协调各利益相关方的质量行为，共同为达成质量目标努力。建设单位要根据工程质量目标调整工程项目建设方案和投资规模，确定合理的预算方案和建设工期，为实现整体工程质量最优创造条件。

2. 准备阶段

在此阶段，建设方一般通过招投标方式选择合格的勘察与设计单位、施工单位、供应商（材料和设备供应方）、咨询监理单位等项目参与者，他们在工程建设过程中分别负有项目设计、工程施工、物料供应、监督管理等职责，并承担着主要的工程质量责任和义务，对达成质量目标起着直接的作用。比如，勘察设计部门根据工程勘察实际情况和建设单位对工程质量的总体要求，对建筑工程的外形和内在结构、实体以及施工作业组织进行研究、设计，形成设计说明书和一系列图纸等相关文件，并使质量目标（质量技术指标）明确具体，从而为下一步进行工程建造提供科学依据和具体方案。那么，设计方案在技术上是否先进、工艺是否科学、结构是否安全可靠、适用标准是否恰当、设备是否配套、预算是否合理等，都将直接关系到工程质量目标的完成程度，并决定着项目建成后的使用功能是否能够达到设计要求。因此，准备阶段的工作质量（如设计质量、选择的承包商的资质和能力等）是决定工程质量的关键性环节。

3. 实施（施工）阶段

工程实施阶段就是把设计方案付诸实施变成工程实体的阶段，在这一阶段，需要投入各种生产要素（如人员、资金、技术与工艺、材料、机械设备等）进行工程建设。由于工程施工易受各种环境因素的影响，因此施工阶段是最容易发生工程质量问题的环节。在项目施工过程中，存在着许多隐蔽工程，如钢筋工程、浇筑工程、地基工程等，它们使工程质量控制变得十分艰难，这些隐蔽工程一旦发生质量问题又没有被及时发现，就将导致整个工程建设的彻底失败。工程项目的实施受众多利益相关者的影响，设计单位、施工单位、供应商、咨询监理方、政府部门、社会公众、媒体等相关方在参与工程建设中都可能存在着影响建筑工程质量的一系列因素（如设计方案、施工方法、人员、材料、机械设备、监管和环境等方面的因素），这既需要建设单位对各个利益相关方之间的关系进行协调，也需要各参与主体自己承担相应的质量责任，否则就会很难保证工程的施工质量。在施工阶段，建筑工程的进度目标、质量目标和成本目标之间也存在着明显的矛盾和冲突，这三大目标会受到来自项目实施情况的直接影响，建设单位平衡这些重要目标之间的关系越困难，就会对工程质量产生越加不利影响。由于施工阶段是形成工程实体的必要阶段，因此是实现工程质量目标的核心环节。数据表明，施工阶段是最容易发生质量问题和安全问题的环节，也是质量问题发生频率和数量最多的阶段。为此，必须做好施工阶段的质量管理和控制工作，以此来最终保证工程质量达到预定目标。

4. 竣工和验收阶段

竣工验收是工程项目建设完成之后和投入使用之前，政府部门和建设单位通过验收制度可以对建筑工程质量实现最后控制和把关的阶段，因此该阶段也是建筑质量管理特别关键的环节。从 2000 年开始，我国对市政基础设施建筑工程和房屋类建筑工程实行竣工验收备案制度，从而使政府能够对工程的竣工交付进行监督管理。建设单位应通过政府有关质量监督管理机构协同设计单位、施工单位和监理单位等相关方共同对建筑工程进行验收，对不满足设计文件和合同规定的质量目标的建筑项目以及没有达到建筑工程质量技术规范和标准的项目，不予上市销售或投入运营，以减少因质量问题而发生的建筑工程安全事故。工程验收制度同时还能对设计阶段和施工阶段的质量行为起到事前预防作用。

从上述分析中可知，在建筑工程质量形成的各个阶段（即整个过程）中，各个利益相关者之间既需要做好专业化分工，也需要相互协调配合和通力合作，同时各利益相关方也需要从组织内部加强管理，建立自己的质量管理责任制度，这样才能为建筑工程质量管理提供有效保证。

工程项目的各个参与主体之间存在着复杂的监督与被监督、管理与被管理的关系，当然也存在部分为合同关系（委托代理）。为确保建筑工程质量，各参与者需要明确自己在工程质量管理中的权利、责任和义务，划清组织间的质量责任边界，落实各自的质量管理任务，加强组织间和组织内的技术交底工作。在建筑工程质量形成中，各参与主体之间的关系如图 3－10 所示。

从组织内部角度看，每个工程项目参与者所承担的质量管理任务由组织内的相应团队和人员完成，团队之间、成员之间、团队与成员之间能否建立起完善的质量沟通与协调机制、信用评价机制和激励约束机制，对保证工程质量目标的顺利实现发挥着重要作用。团队成员之间进行合理的分工，并建立合作机制，通过良好的沟通分享信息和经验，可以提高质量工作效率。团队成员的质量意识、质量管理和技术能力以及职业道德，从主观能动性上也同样影响着工程质量的实现。

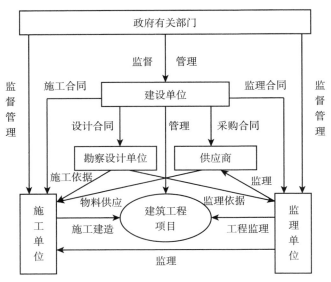

图3－10　建筑工程质量形成的组织间关系

资料来源：根据刘小艳《业主方全过程项目质量管理研究》（2012）等文献结合笔者观点编制。

3.3.6　建筑工程质量管理体系

1. 由勘察设计单位和施工单位组成的建筑工程质量保证体系

在工程项目建设中，质量保证的手段主要是工程检查、项目建设工序管理、开发工程建造新技术和新工艺、研发新的工程建设材料和新的工程产品等。在整个工程建设过程中始终贯穿着质量保证工作，其中，勘察设计单位和施工单位是直接承担工程质量管理职能的参与者，在工程质量控制中属于自控主体。勘察设计单位在项目准备阶段必须依据国家工程建设行业有关规定、强制性技术标准以及勘察设计合同的要求进行工程地质勘察、工程设计和施工设计等，并对自己编制的工程勘察和设计文件的合法合规性和质量水平负责，同时还要对勘察、设计工作的程序、进度、成本费用进行全面控制，对形成的成果文件中需要包括的使用价值和功能进行评估，以达到建设单位对工程勘察设计工作的质量要求。

施工单位在具体工程建造过程中，则需要严格按照工程设计图、施工图和施工技术规范来组织施工作业，并对项目施工全过程中的工程质量以及工作质量进行有效控制，以满足施工合同和建筑质量法规规定的质量标准。

2. 由监理单位负责的建筑工程质量检查体系

在我国工程建设领域，监理制度是一项科学的管理制度，其对保证工程质量起到了关键作用。在建筑工程的实施（施工）阶段，监理工程师一方面要参与施工、采购招投标工作，另一方面也要对项目施工进行全面监督、检查，同时还要对整个施工过程中的每一个环节和工序进行质量控制。比如，只要是进入施工现场的建筑材料和机械设备，都必须要通过监理人员的检验，合格后方可投入使用；每一道建造工序都要按照已批准的程序和工艺进行施工，然后先经过施工企业自查再由监理人员检查合格，通过检验后才能进入下一道施工工序；对于工程建设的重要工序或关键部位施工，必须在监理人员到场的情况下，施工单位才能进行施工作业；全部的单位工程、分部工程以及分项工程，也须由监理人员实施验收。在工程建设中，监理人员需要对项目施工全过程、全环节进行严格的质量控制，对不合规定的施工活动，现场监理人员可行使"质量否决权"。目前，我国监理行业已经形成了一套相对完善的监理组织机构以及监理工作制度、工作程序和工作方法，并以此建立了建筑工程质量检查体系。

3. 由政府部门承担的建筑工程质量监督体系

我国各级政府有关部门都相继制定了工程质量监督管理条例，设立了工程质量监督机构，在建筑行业全面开展质量监督工作。建筑工程质量监督是我国建设行政主管部门或由其委托的工程质量监督机构（建设工程质量安全监督站）依据国家有关法律法规、工程建设强制性标准等，对工程质量责任主体（如建设单位、施工单位、勘察设计单位、供应商、监理单位等）和有关机构（如质量检测单位）履行质量责任的行为和工程实体质量进行监督检查的行政执法行为。工程质量监督机构是代表政府负责工程质量监督的职能部门，从而为社会公共利益服务。该机构按照"督促、促进、帮助"的原则，对建筑工程的建设单位、施工单位、勘察设计单位等相关责任主体的工程质量管理工作进行支持、指导或约束，但是它不能代替各个质量责任主体原有的质量管理职能。负责对建筑工程质量进行监督的体系一般由各层级政府部门委托或下设的工程质量监督站构成，代表政府行使质量监督权，可以对工程建设及各方利益相关者进行第三方强制性质量监督。

3.4 本 章 小 结

本章主要对利益相关者理论（包括利益相关者的含义、理论模型和角色定位等）、质量管理理论（包括质量和质量管理的含义、产品质量形成的过程及规律性、质量管理的思想和原则、质量管理的程序和全面质量管理理论等）和建筑工程质量管理理论（包括建筑工程的界定、建筑工程质量的含义、特征和影响因素、建筑工程质量管理过程、建筑工程质量管理体系等）等基础理论进行了简要阐述，并为后续章节的理论研究和实证分析提供理论依据和支撑。

| 第 4 章 |

建筑工程质量的利益相关者分析

4.1 建筑工程项目的利益相关者分析

建设工程项目管理的目标不仅仅是做好进度控制、质量控制和成本控制，还要考虑如何让工程项目的利益相关者达到满意，处理好项目与众多利益相关者的关系是促成项目成功的基本保证。在建筑领域，不同的利益相关方对工程项目往往有不同的要求和利益，进而对项目施工产生不同的影响和约束，为了使工程项目能够成功实施，必须对建筑项目所涉及的利益相关者加以合理界定，并对他们进行科学管理。本章根据建筑工程项目管理的特点，来对项目实施各阶段（或项目建设各环节）的利益相关者进行具体分析。

4.1.1 建筑工程项目利益相关者的范围界定

美国项目管理协会曾经把与建筑工程项目有关的利益相关者界定为能够主动参与项目建设与管理或者受项目成功实施所影响的一切群体和个人，也就是对建设项目能否取得成功具有影响或者与项目运行环境存在特定利益关系的有关组织和个人。据此分析，建筑工程项目的利益相关者主要包括：建设单位、政府职能部门（如上级主管机构、负责审批部门、质量监督管理和检验检测机构等）、银行（提供融资服务）、施工单位（包括总承包商、次级

73

分包商和各类专业承包商）、工程勘察与设计单位、供应商和设备提供商、监理单位、中介组织（如招标代理、造价和工程咨询机构、代建公司等）、社会团体（如环保机构、社区组织等）、社会公众和新闻媒体等。

根据第 3 章 3.1 节对利益相关者含义的解释，本书把建筑施工项目所涉及的利益相关者界定为在项目决策、准备、施工、竣工验收以及交付使用等全过程中能够对项目实施发生影响或者会受到项目影响的一切个人和团体。由于不同的利益相关者与建筑项目的相互关系及影响程度不同，有些利益相关者是建筑工程项目的主要利益相关方，而另一些则可能是次要的利益相关方。因此我们把那些与建筑工程项目存在契约合同关系的相关方称为主要的利益相关者，如建设单位（投资方、业主）、承包方（施工企业）、规划设计方、供应商、监理方、金融机构以及客户（购买方）等；把那些没有实际参与项目建设或交易，但会受到项目影响或者能对建设项目产生影响的相关方称为次要的利益相关者，他们可能与工程项目存在隐形契约关系，如政府部门、社会公众、媒体、环保部门等。

4.1.2　建筑工程项目各阶段的利益相关者分析

需要特别说明的是，本书在这里分析建筑工程项目的利益相关者及其关系时，并不特别针对不同的建设模式来分析每个模式下的利益相关者分别是哪些利益主体以及他们在每种模式下的特殊利益关系，而是主要从工程建设的全过程来界定在不同建设阶段所涉及的利益相关者及他们之间的相互关系。

在项目建设的不同阶段，与工程项目有关的利益相关者也有所不同，如图 4-1 所示。图中大体说明了建设项目的各个运行阶段与相应的利益相关者以及他们彼此之间的利益关系。

在项目前期论证和决策阶段，建筑工程的利益相关者包括项目建设单位（即投资方、业主）、用户（即购买方、运营方或使用方）、政府有关职能部门（如发改委、规划局、建委、国土局等）、金融机构（债权人）和咨询机构等。其中，建设单位是工程项目的投资者和发起人，他因项目而与其他利益相关者发生着各种关系，比如建设单位与用户（项目建成后的用户有时也可能是建设单位自己）进行沟通，以确定工程项目的投资意向、建设的必要

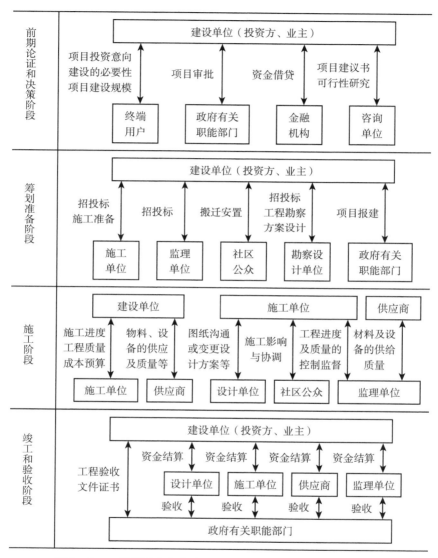

图 4 – 1 工程项目在各个建设阶段的主要利益相关者及其关系

资料来源：根据管荣月、杨国桥和傅华锋《建筑工程项目利益相关者管理研究》（2009）等文献并结合笔者的观点进行整理得到。

性和项目建设规模等问题；建设单位就项目建议书、工程选址意见书、建设用地预审、项目环境影响评价、建设场地地震安全性评价、可行性研究报告等问题向相关政府职能部门（如发改委、规划局、国土局、环保局、地震局等）进行申请和报批，并由国家发改委核准相关申请报告；同时，建设单位还要向发改委申请项目立项；与银行因借贷资金而发生债权债务等利益关系；另外，建设单位若没有能力自行编制项目建议书和项目可行性研究报告，还要委托相关有资质的监理单位或咨询设计机构进行编制，由此而产生其他利益关系等。

在项目筹划准备阶段，建筑项目的利益相关方主要涉及建设单位、相关政府职能部门、工程勘察与设计部门、施工企业、监理单位以及社区公众等。建设单位与政府职能部门主要就项目报建等问题发生关系，建设单位与勘察设计部门主要就工程勘察和项目设计等问题发生关系，建设单位与项目所在地的社区公众就搬迁安置问题进行沟通协调，建设单位就工程承包而与施工企业发生招投标关系，建设单位通过招投标选择监理单位等。

在项目施工阶段，主要的利益相关者有建设单位、施工企业（工程承包商）、供应商、工程设计单位、工程监理单位、社区公众等。建设单位将与施工企业就施工进度、成本预算、工程质量等问题发生利益联系，建设单位因物料和设备供给以及质量问题与供应商进行接触，施工企业可能因为对项目图纸有疑问或者变更设计方案与建筑设计院进行沟通，施工企业还要因施工对周边环境的影响与社区公众进行协调，监理单位与施工企业就工程进度和工程质量发生利益关系，监理单位也会与材料供货商洽谈质量问题。

在项目竣工和验收阶段，建筑工程的利益相关者包括建设单位、相关政府职能机构、工程设计部门、施工企业、供应商和监理公司等。他们之间的利益关系是：建设单位向政府有关职能机构申请工程验收并取得有关文件或证书，建设单位与建筑设计部门、各个物料和设备供应商、施工企业和监理公司等进行各种资金费用结算等。另外，在项目竣工后，建设单位还要会同施工、设计、设备供应、监理和工程质量监督等部门对建筑工程是否符合行业标准和规划设计要求以及工程施工和设备安装是否符合安全规范和质量标准进行检查和验收。

在某些建设模式下还会有一个项目交付使用阶段的问题，其主要涉及建设单位与客户（或称使用单位、运营单位）等利益相关者，他们之间主要是就工程移交或项目出售而发生的利益关系。另外，在建筑工程的使用阶段，如果涉及工程质量的后期维护，用户（使用单位）与施工单位就会发生保修关系。

从上述分析不难看出，建筑工程项目是凝结了多方利益的纽带和综合体，把众多利益相关方联结在一起形成了一个社会网络组织，各个利益主体相互作用、彼此影响，建筑工程项目开展过程中，渗透着各个利益相关方的诉求，他们又对项目运行发挥着各自的作用和影响，从而构成了一个利益交织的系统。如何协调处理建筑工程项目与各个利益相关者的关系和利益，是工程项目管理的核心问题之一。

4.2 建筑工程质量的利益相关者及其质量管理责任

4.2.1 建筑工程质量的利益相关者识别

根据前述建筑工程项目的利益相关者分析，能够对建筑工程质量产生直接或较大影响的利益相关者主要包括建设单位（或称业主）、施工单位、供应商、勘察与设计单位、政府相关职能部门、咨询机构、监理单位、相关社会组织、用户等。这些利益相关方要么是工程质量的直接参与者，要么是工程质量的间接影响者。

1. 建设单位（即投资方、业主）

建设单位又称建筑工程项目的投资人和业主，是指有条件和有能力（如资金、建设用地使用权等）进行工程项目建设，或通过与各类工程承包商、物料和设备供应商以及其他社会服务机构等合作，建立起项目委托合同关系而获得相应的建设能力和手段，并对工程项目拥有所有权的企事业单位、社会组织、政府部门或个人等。建设单位是项目的投资人，也是项目的法人机构。在工程项目的整个建设过程中，建设单位要履行项目业主的质量管理责任和义务，为项目成功实施和高效完成创造有利条件，比如建设单位做出的质量规划目标和质量方案要与项目的建设条件一致，要符合建设意图，项目质量决策既要执行国家政策和法规，又要满足自身利益，还要符合其他利益攸关方的要求。项目建设单位的决策能力、项目管理水平、行为规范性和项目执行能力对工程质量和项目成败起着至关重要的作用。

2. 施工单位

施工企业以工程建设项目的施工为主业，是工程项目的建设者和生产者，负责将建设单位对工程项目的建设意图和工程质量目标通过施工建设转化为具体建筑产品的生产经营者。所以，在工程项目实施过程中，施工企业是主要的参与者和组织运营者。通常，施工企业通过招投标方式从建设单位获得工程项目的建设权，然后根据设计图和施工图制定施工作业方案，并在规定的期限和投资预算范围内完成建设项目，达到既定的工程质量目标。最后还要进行工程竣工验收和登记备案，如果工程达到设计要求和符合质量标准，就将工程项目交付给用户投入使用或运营阶段。可见，在工程质量的形成过程中，施工单位是主要的参与者和组织者。

3. 物料与设备供应商

工程建设需要各种建筑材料和施工设施设备，这些物质和资源的供货质量、供货方式、价格和服务体系等因素直接影响到建筑工程的施工进度、成本控制和质量目标的实现，尤其是对工程质量有重大关系。因此，供应商作为建筑材料、工程机械设备、设备构配件以及其他工程用品的提供者，是建筑工程质量形成过程的直接且重要的参与者之一。

4. 工程勘察与设计单位

勘察单位主要负责对建筑工程项目所在地的地形地貌、地质和水文等条件进行勘探测试，以论证项目选址是否符合工程建设的规划、设计、施工以及后期运营、综合治理等方面的需要。工程勘察直接关系到工程质量安全，因此，勘察单位也是对工程质量的形成发挥直接作用的主要参与者。

设计单位是在政府制定的相关工程建设法律法规规定的框架内，考虑项目选址、技术、资金等建设条件和建设环境（如自然环境和人文环境等）的制约，按照业主对工程项目建设的意图，进行建筑工程设计方案的系统性创作，并编制出用来指导工程建设作业活动的设计文件的专业组织。设计方案的科学性对建设项目的组织实施至关重要，设计图和施工图等设计文件是指导工程项目建设的核心文件，所以设计文件要全面考虑工程建设的各项要求，如施工进度、技术规范和质量目标等。为此，设计单位是对工程质量形成过程产生重要作用的核心参与主体之一。

5. 政府职能管理部门

建筑工程的质量和安全关系着社会大众的切身利益，与社会生产和人们生活密切相关，因此有关政府职能机构（指建设行业的主管部门或其委托的相应工程质量监督机构，如质监站）将依据国家有关法律法规和工程质量标准对建筑工程质量的主要责任主体（指工程建设单位、勘察与设计单位、施工单位和监理单位等）的质量行为和工程质量检验检测机构履行的质量管理责任以及工程实体质量进行行政执法和监督管理。比如在项目建设的前期决策和准备阶段，政府部门会通过项目审批等行政手段对工程建设的可行性与必要性以及设计方案和施工计划等进行把关，从而对工程项目质量进行前期控制。在施工过程中，政府主管部门或其委托的有资质的质量监督机构也经常到施工现场对工程质量和施工质量进行监督检查。在工程项目结束后，政府部门与业主以及其他单位将一同对工程质量进行验收。但是，政府部门并不直接参与工程质量的形成过程，而是运用法律的、经济的和市场的手段，通过质量监督检查等途径，对建筑工程的有关责任主体的质量行为进行激励和约束，最终使工程项目的实体质量达到国家强制性标准，并符合用户的使用目标和要求。政府部门对工程质量进行监督管理的基本目的是为了确保建筑工程未来的使用安全，维护社会公众和国家建筑工程质量安全利益，因此，政府部门是建筑工程质量形成的主要间接影响者。

6. 咨询机构和监理单位

在项目建设前期决策阶段，建设单位可能会委托咨询机构或监理单位撰写项目建议书和可行性研究报告，对项目建设有关的工程、技术、经济等方面的情况和条件进行详细的调查研究，对工程项目各种技术方案和建设方案进行比较分析和严格论证，并对建设项目投产后的经济效益进行分析预测。

可行性研究报告是项目立项、编制设计文件和项目建设决策的重要依据，因此，咨询机构在项目建设前期对工程质量起到了基础性作用，是工程质量形成过程的前期参与者。

监理单位在建筑项目策划和投资阶段主要为建设单位提供咨询服务，但是在项目设计和施工阶段，监理单位要接受建设单位的委托对建设工程项目做好进度、造价、质量等目标控制，对建设合同的履行和工程建设各相关方之间的关系进行监督管理和组织协调，使工程项目在设计、施工阶段的质量形成行为和最后的工程实体质量符合国家有关工程建设的法律法规和工程建设标准的要求，使工程建设与勘察设计文件和有关合同（如承包合同、供货合同等）相一致，从而保证项目建成后能够满足客户的使用需要。可见，监理单位的工作质量和监理能力对建筑工程质量的形成发挥着巨大的影响和作用，它是确保建筑工程质量能够达到既定目标的主要的间接参与主体。

7. 社会组织、公众和媒体

目前，我国对工程质量的评定实行社会监督和企业自我控制相结合的方式，因此社会组织对建筑工程质量可以发挥社会监督作用，如中国建筑业协会、中国建设工程质量协会等社会组织可以为行业内有关企业提供工程质量咨询服务，并通过行业自律建设对建设企业的工程质量行为进行约束，积极发挥对工程质量的社会监督职能。建筑领域有关的社会组织还包括工程保险与工程担保机构、工程质量检测机构等。工程保险与担保机构在提供保险或担保服务的过程中，为了维护自身利益必然高度关注工程质量的好坏，工程质量是他们是否愿意为客户提供保险或担保服务的主要条件之一，因此客观上起到了对工程质量的形成过程进行监督、管理和约束的作用，这更有助于提升整体建筑行业的工程质量水平。此外，我国对建筑工程项目实行质量检验检测制度，目前已设置了不同层级的工程质量检测中心，负责进行建设工程或工程材料的检验、检测和试验工作，因此工程检测机构对建设项目实施的质量检测活动和行为同样对工程建设过程和质量形成产生着重要影响。所以说，这些社会组织是影响建筑工程质量形成过程的重要间接主体。

不管是什么类型的建设工程（如工业建设项目、民用建设项目、交通建设项目等），工程质量对于公共安全和公众利益都具有重大联系。公众应对公共工程建设有一定的知情权，并对工程质量进行社会监督。比如社区组织和民众可以从保护自身的生命财产安全角度，对当地的建设项目进行质量监督，以维护他们的公共安全利益。因此，建筑工程设计和质量目标要符合社会公众的安全诉求，并接受大众的舆论监督。另外，媒体机构在现代社会中的监督力量是不容忽视的，现在很多工程质量问题都是新闻媒体机构挖掘出来的，它在推动信息完全性和充分性建设方面发挥了积极作用，使公众的知情权得到了真正实现。媒体应更好发挥自身的信息优势，对建筑市场的工程质量问题进行社会监督和舆论监督。因此，公众和媒体机构也是对建筑工程质量形成过程发挥重要作用的间接影响者。

8. 用户（或购买方、运营方等）

用户是建筑工程项目完工后的最终使用者（或购买者、运营者），所以用户也是参与或影响工程质量的重要组成主体。衡量工程质量和项目成败的一个基本标准就是看用户对交付的工程项目尤其是质量是否满意。市场经济条件下，最终用户的质量意识和质量要求直接关系到建设单位、设计单位等对工程质量目标和标准的制定以及施工单位对质量目标和标准的执行。当前，客户对产品质量的要求越来越高，这也给工程项目的质量管理带来了新的挑战。在工程建设过程中，用户对工程质量的形成只能发挥间接影响作用，但是当建筑工程竣工验收之后进入投产运营阶段，用户就是建筑工程的使用者，他们对建筑工程的使用和维护情况会影响建筑工程后期质量的变化。

综上所述，与建筑工程质量有关的利益相关者及其分类如图 4-2 所示。其中，施工单位、勘察设计单位、供应商等利益相关者是建筑工程质量管理的直接参与者，建设单位和监理单位（咨询机构）是建筑工程质量的间接参与者，政府有关职能部门、社会组织以及公众和媒体、用户（在建筑工程项目运营阶段，用户则成为工程质量的直接参与者）等是建筑工程质量的重要影响者。这些利益相关者及其与工程质量之间的作用关系将是本章的主要分析对象和重点研究内容。

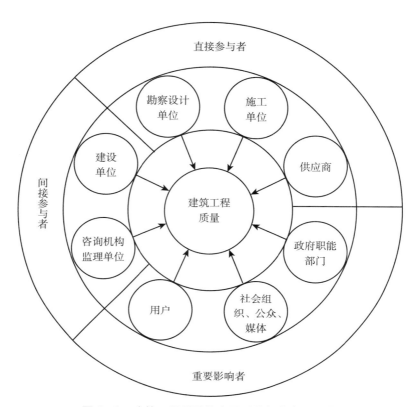

图 4 – 2　建筑工程质量的主要利益相关者及分类

资料来源：作者编制。

　　当前建筑市场逐渐出现了一种工程代建制（一种新型工程项目管理模式，源自美国的建设经理制），它是市场经济高度发展条件下社会分工不断细化的结果，也是现代契约精神在工程项目委托代理方面进一步深化的体现。代建制就是业主按照规定程序，采用招标的方式，选择（委托）专业化的具有相应资质的工程项目管理公司（代建单位）、代理投资人或具有一定工程管理能力的建设单位来负责项目投资管理和项目建设的组织实施工作，也就是受业主委托并以业主名义来管理整个工程项目，包括进行前期的可行性研究、工程设计、施工、竣工验收等工作，项目建成后把工程移交给业主或使用单位。因此，代建公司（建设经理）其实是作为业主（或建设单位）的代理人身份出现在工程项目管理中的，所以本章在研究建筑工程质量的利益相

关者问题时，没有将代建公司单独作为一个利益相关者予以考虑，因为其在
工程质量管理中的作用类似于建设单位的角色，所以把代建公司统一归入到
建设单位进行研究。

另外，由于工程建设领域存在着各种质量、安全、环境等方面的风险，
所以工程保险制度也随之发展起来。客观上来说，工程保险机构已经参与到
了工程建设当中，并基于自身利益的维护而对建筑工程质量形成了一定的社
会监督，从而成为对工程质量发生间接制约的社会力量之一。本书在研究中
也考虑到了工程保险机构对建筑工程质量的作用，并将其列入建筑工程质量
主要利益相关者当中的"社会组织"内（参见上文对"社会组织、公众和媒
体"部分的分析）。

4.2.2 利益相关者对建筑工程的质量管理责任

从上述分析可以基本认识到不同的利益相关者在工程质量管理中所处的
地位和作用，下面我们将进一步分析这些利益相关者对工程质量的管理责任
主要体现在什么地方。

1. 建设单位（业主、投资方）对建筑工程的质量管理责任

建设单位在建筑工程质量管理中处于核心地位，虽然建设单位要通过与
咨询机构、勘察和设计单位、施工单位、监理单位、供应商等利益相关者签
订各种外包合同来实现工程建设对服务承包、工程承包和物料、设备供应的
需要，但它却负责从项目可行性研究、申请立项、勘察设计、施工建设、竣
工验收直至交付使用等全过程的管理工作。因此作为工程项目的核心利益攸
关方，建设单位对工程建设必须要有系统观念，运用各种理论、方法和技术
等对工程项目进行全过程、全方位管理，保证工程质量达到国家有关强制性
标准的目标要求，满足用户对质量安全的需要。

建设单位对工程质量的管理责任主要有以下五个方面：

第一，质量决策责任。建设单位是工程项目的投资人、业主，是项目的
主要责任主体，工程项目是否建设，如何建设，建在什么地方，按照什么技
术方案和施工方案建设，按什么标准进行验收等一系列问题，都需要建设单

位做出主要决策，也就是建设单位要对项目建设每个阶段的技术和管理问题进行决策，并承担主要责任。因此，建设单位要对工程质量承担决策责任。

第二，质量计划责任。建设工程的质量状况与项目计划的执行情况有很大关系。建设单位作为项目总负责人，应对工程项目的总目标与建设过程的全部活动进行统筹规划，运用有良好弹性的动态计划体制去安排和协调整个项目实施过程中所涉及的每个阶段和每个活动，这对建设项目的有序推进和预期目标的实现非常重要，所以建设单位要对项目建设有良好的计划体系，并保证各项建设活动基本都是在计划体系内运行，如此才能使工程建设得到有效控制，最终实现质量目标。

第三，质量管理工作的组织责任。建设单位对工程质量的组织责任包括在建设单位内部设立项目管理机构和质量控制部门，同时也包括如何做好工程承包商、服务承包商和物料设备供应商的选择工作，处理好工程建设在不同阶段对不同工作任务的组织实施，组织各个项目相关方参与工程建设任务，协调各方在工程项目上的责任、权利与义务以及冲突等关系。这些组织工作对工程质量目标的达成至关重要。

第四，工程质量的协调责任。参与项目建设的各利益相关方对工程项目有不同的利益诉求，因此在工程质量目标管理方面存在复杂的关系和矛盾。建设单位要协调好项目建设各阶段中各参与主体之间的利益关系，使他们尽量在工程质量方面达成一致，确保工程建设能够在稳定的质量管理体系内运行。

第五，质量控制责任。管理的基本职能之一是控制职能，建设单位要履行好对工程质量的控制工作。建筑工程质量有总目标和分目标之分，也有阶段目标和分项目标之分，建设单位要通过计划、决策、组织、协调和信息反馈等手段，从事前、事中、事后做好项目建设各个阶段和各项任务的质量控制工作，保证工程质量总目标的实现。

2. 施工单位对建筑工程的质量管理责任

施工单位主要在施工阶段对工程质量承担责任，包括采用什么样的施工技术、按照什么样的施工方案和工序进行施工、施工中对所用建筑材料、中间产品和施工设施设备的质量的把关、对施工过程中人、财、物的组织管理，甚至施工单位的质量意识和质量管理措施等，这些都会影响到最终的工程实体质量。所以，施工单位应建立质量目标和质量管理责任制度，落实项目经理、施工负责人和技术负责人等的质量管理责任。施工单位要处理好工期、造价与质量之间的关系（铁三角），避免因赶工期、降成本而牺牲工程质量的现象发生。施工单位应做好施工过程质量、施工工艺和施工技术质量、施工流程质量、工程材料、设备和建筑材料质量等方面的管理工作，要严格按照设计图、施工图和工程建设标准进行科学施工，最终确保工程实体质量达到强制性技术标准和建设单位、用户对建筑工程的质量目标。

3. 勘察与设计单位对建筑工程的质量管理责任

工程勘察设计工作是工程建设程序中的重要内容和先导性环节，在工程建设中起龙头作用。工程建设首先需要进行可行性研究，弄清建设用地的地质地貌和水文情况，这对后期工程建设采取合适的基础形式和施工方法十分关键。勘察单位通过对建设场地的地形、地质和水文等地理环境因素进行测绘、勘探、测试和系统评价，提供项目可行性研究和工程建设所需的基本数据，对工程建设后续的规划、设计、施工和运营起到基础性作用。没有良好的工程勘察工作做基础性保障，工程建设的总体质量就没有保障，所以勘察单位的工作质量对工程项目建设质量具有先导性和决定性的影响。因此，勘察单位对工程质量的管理责任要在法律框架内通过与建设单位签订的服务承包合同来界定，其质量责任主要体现在项目决策和准备阶段对可行性研究和工程地质勘查的质量方面。

设计质量是决定建筑工程质量的前提和基础，设计单位应对其设计的质量负责。一是设计文件应符合我国有关法律法规的规定和建筑工程质量及建筑安全标准的要求，并满足工程设计技术规范和承包合同的约定；二是设计文件中对工程建设选用的建筑材料、构配件以及设备等，其质量应符合国家规定标准；三是建立质量管理负责人制度，谁负责设计，谁承担质量责任。设计单位对建筑工程的质量管理责任主要体现在对设计过程和设计成果（设计方案）加强质量控制。设计过程质量表现在设计人员安排、设计工作质量、设计理论和方法等方面；设计成果质量表现在设计方案的科学合理性、是否符合法规和技术标准要求、能否体现业主的建设意图等方面。总之，设计单位应保证项目按照其设计文件进行施工建设后，投入使用的工程能够达到法定标准和使用要求。

4. 供应商对建筑工程的质量管理责任

这里所指的供应商包括建筑材料的供应商、建筑设施设备、专用工具和构配件的供应商等。建筑材料、建筑工程设备、建筑构配件等资源的质量状况也直接影响着建筑工程整体的质量，因此，供应商对工程质量也负有主要管理责任：一是其资源供应计划的可行性，如供应商能否在正确的时间、将正确的资源（质量合格的物料和设备等）、按照正确的数量、配送到正确的地点；二是其供应的物料，如建筑材料和设备等，质量是否符合标准。总之，供应商在建筑工程质量管理体系中，主要起到支撑和保障作用。

5. 政府职能部门对建筑工程的质量管理责任

政府部门对建筑工程质量的监督管理责任主要体现在通过政策、法规和国家标准等途径对工程建设有关责任主体的质量行为进行监督检查。有关法律法规以及国家强制性标准通常对工程建设规定了基本质量目标，国家有关职能部门通过项目审批、执法检查、项目验收、质量事故调查和公示、惩处违法行为等方式和手段，对工程建设全过程、全方位实施综合性的工程质量规划、指导、协调和监督。因此可以从宏观层面和微观角度来分析政府对工程质量的管理责任：宏观层面，政府要建立、健全工程建设和工程质量方面的法律法规和标准体系，加强建筑行业的质量认证管理工作，严格把控建筑行业从业准入制度（从业资质），培育全民质量意识和企业质量责任感，从而自社会环境、法律环境上提高对建筑工程质量的整体把握；微观角度，政府要加强工程质量执法检查力度，可以自己或委托专业性的第三方质量检测机构到工程建设一线进行质量抽查，检查建设单位、施工企业、材料供应商、监理单位等责任主体的工程建设质量行为，抽查建筑材料、建筑构配件的质量状况，检查工程建设有关法律法规和质量标准的执行情况，对工程实体安全和质量进行检查，通报质量违规行为及涉事企业等，从而保证国家政策、法规和标准能够在工程建设实践中得到落实，使投产后的工程项目符合质量目标和安全要求。

6. 监理（咨询）单位对建筑工程的质量管理责任

监理（咨询）单位对建筑工程的质量责任非常重大，它要负责对整个工程建设的全过程进行监督、检查和管理。监理单位要做好建设单位与各承包商（施工单位、设计单位、供应单位等）之间以及各承包商相互之间的沟通与协调工作，处理好他们之间的业务关系。监理单位要向参与工程建设的承包商解释清楚承包合同和设计图纸，要督促参与工程建设的各承包商按照合同标准进行施工，对可能影响工程质量的因素进行及时检验、检测，对施工中出现的质量差异要提出调整要求和纠正措施。监理单位要帮助施工单位提高工程质量意识，协助施工单位加强和健全工程质量管理体系，监督施工过程和施工方法是否符合质量规范和标准。监理单位要帮助施工单位正确理解设计意图，对施工图纸中可能存在的问题，监理单位要会同施工单位通过建设单位向设计单位反映情况，以便设计单位及时修正施工设计图。监理单位要为建设单位提供专业的咨询建议，帮助其提高对工程项目的管理水平和质量控制能力。监理单位要帮助业主审查设计单位是否按照合同规定对建筑工程进行设计，其提出的设计成果（设计文件）是否符合法律法规的规定，是否符合现行经济、技术、环境规范，能否满足工程建设的目标要求。监理单位要严格监督检查供应商提供的建筑材料、工程设备、建筑构配件等资源的质量状况，确保供货质量。对施工过程中出现的意外质量事故，要做好防范和应急处理措施。监理单位还要定期向建设单位汇报工程进行情况、施工质量状况等，共同做好工程管理工作，确保建筑质量目标能够顺利实现。

7. 社会组织、公众、媒体等对建筑工程的质量管理责任

社会组织在社会公共安全和质量管理事件中发挥着监督者的角色。比如，中国建筑业协会、中国建设工程质量协会等社会组织，通过在工程建设行业中组织评选质量管理优秀企业和质量管理先进工作者、并向全社会公示的方式对建设施工企业的质量行为进行监督、约束和引导；通过为业内企业提供设计、施工等咨询服务和质量技术培训服务，提高企业对工程质量的重要性的认知，并对企业的质量管理行为产生积极影响；通过对工程建设领域有关质量安全的热点和难点问题进行调查研究，发现质量问题产生的深层次原因和责任主体，从而对建设企业的质量行为进行监督；通过行业自律建设，制定行业内工程质量管理办法和组织制度，使业内企业在工程质量方面形成共识；通过为企业提供工程质量交流平台，促进企业加强质量管理工作，推动行业内建筑工程质量水平的提高。社会组织中的建设工程质量检测机构受业主委托负责对建筑工程的原材料、试件、结构构件以及工程项目的地基和桩基础等涉及工程质量和安全的项目进行检测，并出具具有法律效应的检测报告或数据，督促施工企业严格按照有关法律法规和强制性标准进行工程建设，从而确保建筑工程的质量。

工程质量最终关系到公众的切身利益，公众可以通过各种信息渠道来了解公共工程建设的质量状况，并把情况反馈给有关质量监督管理部门或媒体，从而对建筑工程质量形成制约。公众要利用自己的合法权利（如知情权），监督建设企业定期发布工程建设情况和质量情况，通过要求建设企业实施信息公开，对建设全过程进行质量监督。公众将来要在建筑市场诚信体系建设当中发挥参与者作用，通过自己的选择权使建设企业落实工程质量责任。而各类媒体机构可利用自己的信息优势，及时发现工程建设领域存在的质量安全隐患，对已经发生的重大质量安全事故及时进行报道，对工程质量事故的查处、事故原因的调查以及责任人的追究，媒体要进行全程跟踪，这对督促有关企业主体全面贯彻工程质量制度和标准意义重大，可对企业的质量行为形成有效监督。

8. 用户（或购买者、运营者）对建筑工程的质量管理责任

工程验收后就要交付用户投入使用，工程质量直接关系到用户的切身利益，所以用户在客观上也要为工程质量承担管理责任。首先，用户可以通过合同对建筑工程质量进行约束，对不符合质量要求的工程项目，用户可以不予接受，并依照合同款项进行适当处理，以此对建设单位形成质量压力，使他必须会同其他各承包商一起搞好工程质量建设。其次，在工程建设过程中，用户可以经常性地到施工现场进行视察，监督工程质量的运行情况，用户要与建设单位加强对工程质量问题的沟通，并向施工企业反馈，以便及时发现问题及时处理。再次，通过建立用户和社会评价制度，使工程质量接受用户评价，评价结果要通过媒体公示，并把用户评价结果作为今后对建设单位、

施工单位、设计单位等进行业绩或资质评定的依据，甚至可作为企业进入或退出行业的硬性条件之一，使建筑企业必须严格遵守工程建设的法律法规和强制性标准的规定，把质量作为企业生存发展的法则。最后，在建筑工程使用或运营阶段，用户（或使用单位、运营单位）必须对工程进行合理使用，定期对建筑工程进行质量安全鉴定，出现质量问题要及时保修维护。

4.3 建筑工程质量利益相关者关系分析

4.3.1 建筑工程质量的主要利益相关者之间的关系

建设单位通常是工程项目的投资者、发起人和组织者，某些情况下也是工程项目的最后使用者。因此，在建筑工程质量管理中，建设单位处于核心地位。而施工单位是工程质量目标最终被实现的具体承担者，所以施工单位在工程质量管理中处于关联各方面的纽带地位。下面，我们对主要的利益相关者在工程项目管理中的基本关系进行梳理。

1. 建设单位与政府有关职能部门之间的关系

建设单位对项目建设拥有独立的自主权，主要负责工程项目的立项、筹资、实施乃至项目建成后的运营管理等。而政府部门的基本职责表现在对建设单位进行有效的监督、指导、协调和管理。比如，政府通常会通过制定和完善有关建筑行业和质量管理方面的法律法规、技术标准和规范等法律手段对建设单位的项目投资行为进行监督和指导，从而使项目建设与国家的宏观政策和经济、社会利益相一致。如果工程项目涉及社会公共利益或环境保护等，政府部门还要对建设单位的项目立项和后期建设进行审批和检查。有时候，政府还负责协调建设单位与项目周边的社区、企业、居民等相关主体的关系，为项目建设创造和谐的外部环境。当前，政府对建设单位的工程项目投资和建设活动已经不再进行行政干预和直接管理，而改为以宏观政策指导和间接管理为主。

2. 建设单位与各承包商（施工单位、勘察单位、设计单位等）的关系

承包商是建设单位通过招投标的方式来选择参与工程建设的组织，如勘察单位、设计单位和项目施工单位等，他们通过投标从建设单位得到参与项目建设的具体任务。建设单位与承包商按照市场方式进行双向自由选择，不受外界和其他机构的非法干预。双方要借助于项目承包合同来履行各自的职责和义务，是基于契约建立的委托代理关系，不得随意变更或解除自己的合同责任。另外，根据有关法律规定，对于具有一定规模的建筑工程项目，建设单位还必须委托监理单位对工程建设进行监督管理。但是，监理单位与勘察设计单位和施工单位等承包商之间不存在合同关系，监理单位只是按照建设单位的授权，对承包商履行项目合同的情况实施有效监督与管理，而承包商应对监理单位的监督管理行为给予积极配合。

3. 建设单位与供应商之间的关系

建设单位通过产品竞价或招投标的途径来选择供应商，由其对建设项目供应各种建筑用物料和机械设备等。双方也是契约关系，通过供应合同约定各自的权利和义务，尤其是供应商要保证其所提供的建筑材料、构件、机械设备等要符合质量要求，能及时把物料实时、适量的供应到合适的地点；而建设单位也要按时足额向供应商支付资金。

4. 建设单位与监理单位（咨询单位）的关系

监理单位和咨询单位是独立的市场主体，不受建设单位的直接领导，监理（咨询）单位主要接受建设单位委托为项目投资建设的意向、项目建设的工程、技术和经济条件的评估、项目设计和施工方案的选择等提供决策建议，或者受建设单位委托负责协调项目建设过程中各参与主体的关系，对勘察设计单位提供的工程勘察文件和项目设计文件以及施工方案是否符合承包合同的规定和质量管理标准、施工单位是否按照施工合同和有关建设法规和标准进行项目施工建设以及施工单位是否处理好了工程进度与工程成本和质量控制工作、施工单位采用的施工工艺和技术是否科学合理、工程质量是否符合要求等进行监督管理，同时对供应商提供的物料和设备是否符合施工要求进行监督。但是，监理（咨询）单位不是以建设单位的名义进行工程咨询和提供工程监理服务，而是在建设单位授权下，以第三方身份独立开展工作，并为建设单位负责。监理（咨询）单位与建设单位也是合同关系，在工程建设中各自履行自己的合同权利和义务，监理（咨询）单位要维护建设单位的合法利益，为建设单位提供专业的高质量的工程咨询和监督协调服务，并且要秉持客观公正原则维护社会公共利益，保证国家法律法规和质量标准能够在工程建设中落在实处，同时还不得损害各承包商和供应商的合理权利。

5. 建设单位与社会组织、公众和媒体的关系

社会组织对建筑工程质量可以发挥社会监督的作用，但社会组织与建设单位都是各自独立和平等的社会主体，不受建设单位的控制和领导。社会组织包括建设行业组织、工程担保和保险机构、工程质量检验检测机构、环保组织等。建筑行业协会或建筑质量协会等行业组织与建设单位不存在隶属关系，行业组织只是通过行业自律、会员制、行业咨询等途径对建设单位和施工单位的工程建设行为进行社会监督和约束管理。工程担保和保险机构、工程质量检验检测机构与建设单位则可能存在着对工程建设项目提供担保和进行风险投保或者为建筑项目提供工程质量检验、设备构件和建筑材料的检验检测等业务关系，并基于此产生合同关系或委托关系。环保组织则对工程项目建设是否影响到自然和社会环境方面进行评估，从而对建设单位和施工单位进行环保监管。社会公众和媒体与建设单位则基本不存在业务上的关系、也不存在买卖关系，但由于工程建设及质量问题可能会影响到社会公共安全利益和公众生命财产利益，因此，社会公众和媒体应对工程建设有一定的知情权，从而发挥对建设单位和施工单位的建设行为和质量管理活动进行社会监督的作用。总之，建设单位要满足社会组织、公众和媒体的合理利益诉求和知情权利，接受他们合理的建议和监督。

6. 建设单位与用户（或项目购买者、运营者）的关系

在某些情况下，建设单位与用户是合一的，但有时候也是不同的组织。比如民用建筑，建设单位委托施工企业把建筑工程完工后销售给客户（消费者），或者政府作为建设单位把自己投资建设的公用工程项目在建成后卖给私立部门管理运营等。这样，建设单位与用户就产生了购销合同关系。建设单位应以用户满意度为标准，根据销售合同规定和工程质量标准来组织工程项目的论证、设计和施工等工作，并接受用户的咨询和监督。

7. 施工单位与其他利益相关者之间的关系

施工单位与建设单位之间是合同委托关系，施工单位按照建设单位对建筑工程的规划要求和质量目标进行施工建造，最后交付的工程必须符合合同文件规定的施工标准（如工期、成本、质量等必须达到合同约定的指标要求）。设计单位通常负责工程项目的初步设计和施工图设计，这是施工单位进行工程建造的前提和依据，施工单位必须严格按照工程设计文件进行各项建设活动。施工单位还要接受政府有关建筑工程质量监督管理部门对其施工行为的指导和约束，促使施工单位须遵守相关建筑方面的法律、技术规范和质量标准的规定。施工单位同时也接受监理单位的监管，监理单位在建设单位的授权下可以对施工单位在施工中的质量、进度、投资、安全、合同执行等情况进行监督、管理与控制，并负责协调施工单位与建设单位、设计单位、供应商等各参与主体之间的工作。施工单位接受材料和设备供应商提供的生产资料进行建造活动，而材料和设备的质量状况和供应的保证水平又会影响施工进度和工程质量。另外，建筑行业组织、社会公众和媒体等组织也会对施工单位在工程施工过程中是否贯彻国家的建筑法规、质量标准、技术规范，是否存在偷工减料情况，是否违反施工规律存在赶工期的问题，是否存在工程腐败现象等进行质询和监督，从而使施工单位在合法、合规、合理和科学、透明、公正的环境下进行工程建设，保证工程质量。最后，工程竣工后，施工单位还要与建设单位、设计单位、监理单位以及政府部门等一道参与项目验收工作。

综上所述，各主要利益相关者之间围绕着建筑工程项目的质量管理关系如图4-3所示。可见，在工程项目建设中要想提高工程质量，必须关注建设单位的纽带作用和施工单位的核心地位，处理好这两个参与主体与其他利益相关者之间的关系，这对保证建筑工程质量至关重要。

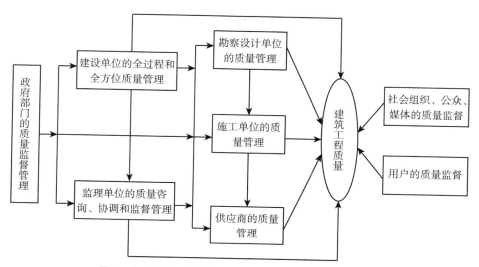

图 4-3　建筑工程各主要利益相关者的质量管理关系
资料来源：作者参阅有关文献编制。

4.3.2　建筑工程项目利益相关者的质量管理关系动态模型

工程建设是一个系统工程，工程质量的形成也需要一个系统的过程和多层面的保证①。首先，从宏观层面看，建筑工程质量会受到政府的政策、法律法规、行政审批、工程建设标准和质量标准以及社会公众的监督和市场、科学技术的发展等因素的影响，这构成了工程建设的外部环境条件（即政府法律法规、标准、自然和社会环境、公共利益等，会对工程质量建设形成干预和制约）。其次，从中观层面看，建筑工程质量受到许多利益相关者的影响，比如工程项目的建设单位、施工单位、监理单位、设计单位、供应商以及政府部门、社会组织（如工程质量检验检测机构）等，它们的行为会在不同程度上参与到工程建设和质量形成的过程当中。最后，从微观层面看，人员（项目决策人员、设计人员、质量管理人员、施工人员、监理人员等）、材料（建筑用各种物料）、机械设备、信息、知识和技术、财务等生产要素在建筑工程体系中的投入情况，同样会影响建筑工程质量的形成。也就是说，

---

① 郭汉丁，王凯，郭伟.业主建设工程项目管理指南［M］.北京：机械工业出版社，2005.

工程建设系统在政策、法规、自然和社会环境等的制约下，经过各种生产要素在建设系统的投入，通过中间各个参与工程建设的利益相关者的组织管理和运营，最终输出质量合格的建筑工程项目。因此，建筑工程质量管理就是一个由微观层面的质量保证体系（人员、资金、材料、信息、技术等）、中观层面的质量组织体系（参与工程项目的各个利益相关者的质量管理）和宏观层面的质量监督体系（政策、法规、标准、审批、检验检测、验收以及环境等）构成的由内到外的全面质量管理系统。

但是，建筑工程质量管理体系是一个动态的、全过程性的组织管理体系，建筑工程项目的各个参与主体（主要利益相关者）要思考在外部环境（政策、法规、标准、市场、行业、自然和社会、社会公众等）的监督和制约下，如何加强协调、沟通，发挥自己在工程建设各个阶段的职责和作用，从而进行协同运作，加强对人员、材料、设备、技术工艺、信息、资金等生产要素的组织管理，做好工程项目的进度、质量和预算控制，最终生产出质量合格、用户满意的建筑工程。为此，笔者构建了各主要利益相关者参与工程项目建设的质量管理动态模型，以体现工程质量管理的动态性和过程性（如图 4 - 4 所示）。

在上述质量管理动态模型中，建设单位是质量管理的主驱动力，施工单位是工程质量形成的主要落实者。在建设单位质量行为的带动下，承包商（施工单位、勘察设计单位）、监理（咨询）单位、供应商、政府有关职能部门等主要利益相关者的质量管理行为在不同阶段经过不断的整合与传动，并在建筑质量政策、法规、标准等宏观环境的监督指导下，在社会组织和公众、媒体的监督约束下，最终生产出符合质量标准、达成质量目标和用户满意的建筑工程项目。需要特别说明的是，由于建筑工程实体的形成主要是通过施工单位的建造活动来完成，所以施工单位的作业活动、施工技术和方法、人员素质、质量意识等因素对工程质量发生的实际影响是关键性的。

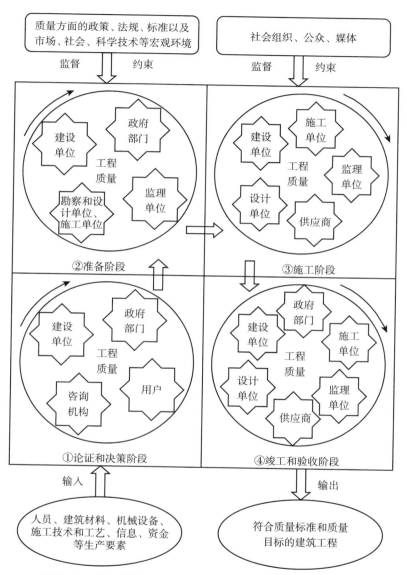

图 4 - 4 基于利益相关者的建筑工程项目质量管理动态模型
资料来源：作者参阅相关文献并结合自己的观点编制。

4.4　本　章　小　结

　　本章在利益相关者理论的基础上，对建筑工程项目的利益相关者的含义和范围进行了界定，然后从工程建设的全过程来识别和分析在不同建设阶段所涉及的主要利益相关者有哪些，以及他们之间的相互关系。根据前述分析，归纳出能够对建筑工程质量产生直接或较大影响的利益相关者，并把它们分为工程质量的直接参与者和间接影响者，然后重点分析了这些关键的利益相关者对建筑工程项目所承担的质量管理责任是什么。鉴于建设单位和施工单位在工程项目建设和质量管理中的核心地位以及纽带作用，着重阐述了建设单位、施工单位与其他利益相关者之间的经济或社会关系，目的在于揭示这些利益相关者在工程质量管理中的关联关系。最后，从系统观点角度指出建筑工程质量管理体系是一个由微观、中观、宏观三个层次的质量保证体系、质量组织体系和质量监督体系构成的全面质量管理系统，并据此建立了一个建筑工程项目利益相关者的质量管理关系动态模型。本章的介绍和分析，可以为下一章从利益相关者视角提炼和识别影响建筑工程质量的因素（即各主要利益相关者在不同阶段如何影响建筑工程质量）提供理论基础。

| 第 5 章 |

利益相关者视角下建筑工程
质量影响因素分析

导致建筑质量事故发生的主体和影响因素众多，为深入分析对建筑工程质量具有重要作用的影响因素，本章在上文对利益相关者分析的基础上，进一步阐释了涉及各利益相关者的影响因素，并采用粗糙集理论对重要影响因素进行了筛选，从而为下文各影响因素的作用机理研究奠定理论基础。

5.1 基于利益相关者的建筑工程质量影响因素识别

本章在此通过对相关文献和理论进行系统梳理，借鉴有关学者的观点，然后结合专家访谈和课题组研讨的方式，从各个利益相关者角度确定影响建筑工程质量的主要因素。

5.1.1 建设单位因素

如上文所述，建设单位（又称业主、开发商等）是各类建筑工程项目的发起者和组织者，《中华人民共和国建筑法》等法律法规确立了建设单位在办理施工许可证、项目发包以及相关的招标、评标等活动的主体地位。建设单位在整个项目实施过程中主要起到决策、组织、领导和监督的作用。陈刚（2006）指出了某开发商违背建设程序，不经调查分析就做出决策的行为导致了工程质量事故的发生。潘巍（2012）通过案例分析的方法指出建设单位造成工程质量事故的主要因素包括建设单位过失、未做勘察、无设计图纸和违反建设程序等。盛建功（2012）指出建设单位的质量管理理念、质量目标、项目协调能力、资金供应情况、合同履行情况和质量责任主导地位等都会影响工程项目的质量。刘小艳（2012）指出业主方的工程项目质量影响因素主要包括项目质量目标的设定、业主方沟通协调能力、合同管理能力、质量保证体系以及业主的质量意识及管理理念等。

在工程建设中，工期、成本、质量是所有建筑项目管理中必须要处理好的三大控制因素，建设单位都期望能够实现建筑项目造价（成本）最省、工期最短和质量最优的目标。但是，往往由于这"铁三角"的关系协调不当而导致工程质量发生问题。如果建设单位对预算控制过于低，盲目要求施工单位加快施工进度，就可能危及工程质量。所以工期和成本控制是否合理，也是影响建筑工程质量的重要因素。另外，就是招投标的问题，建设单位通过招投标来选择合格的设计单位、施工单位和监理单位等。但是，在工程领域，由于招投标的不透明和腐败问题频频发生，建设单位就有可能选择了不具有合格资质的施工单位，那么可能就会导致工程质量事故的发生。所以，招投标工作的决策管理能力，也是影响工程质量的因素。但是，本书主要是从中观的角度，研究利益相关者之间在建筑质量工程管理中的相互关系及其对建筑工程质量的影响，因此笔者把建设单位对工期、成本和招投标管理的相关问题融入到了合同管理、决策能力和资金供应等因素之中。

综上所述，建设单位在发起和组织实施工程项目时的决策能力（包括招投标管理）、质量目标设定、合同管理能力（包括工期控制、预算执行、质量监管等）、资金供应情况（包括预算控制）、质量保证体系、对项目建设程序的遵守情况等都会对建筑工程项目后续进程中的质量产生重要影响。

5.1.2 施工单位因素

施工单位是各类建筑工程项目的主要实施者，对建筑工程的质量负有主要责任。《中华人民共和国建筑法》和《建设工程质量管理条例》等法律法规均规定了无论是总包单位还是各分包单位，都应对建筑工程的质量负责，因此，大多数学者是以施工单位为对象研究建筑工程质量的影响因素，并指出了施工单位造成质量事故的主要因素。如施工单位人员素质较低，质量意识较弱等，导致施工活动具有随意性，还有不遵守规范标准进行施工，以及使用不合格的建筑材料等行为，从而造成质量隐患（陈刚，2006）。林枫（2006）指出施工阶段的质量控制是施工项目质量控制的关键，并将关键的质量控制因素分为三个阶段，分别是施工准备阶段的因素（如施工图评审、施工组织设计、技术交底、物资采购和分包商选择等内容）、施工实施阶段的因素（如施工工序、设计变更管理、质量检验等）和施工竣工验收阶段的因素（如竣工标准的遵循等）。针对施工管理技术导致的工程质量问题，李杏（2011）提出了 10 个方面的因素：未按图纸施工、未认真进行图纸会审、未经设计院同意擅自更改设计、未按相关的施工和验收规范施工、未按规定操作程序施工、未按规定对建筑材料和制品进行检查验收、有资质的技术人员缺乏、各施工队伍之间缺乏配合、没有认真分析发生的事故并总结经验教训等。潘巍（2012）指出了施工单位造成工程质量事故的主要因素为施工单位不按图或规范进行施工，施工的技术、工艺和方法不当以及使用劣质建筑材料及制品等。张燕芳（2013）从 4M1E（人、材料、机械设备、方法和环境）角度分析了施工过程中对工程质量产生影响的主要因素，人的因素表现在人的身体素质、业务素质、思想素质等，材料因素表现在对材料的采购、运输、发放、存储等过程的管理，机械设备因素表现在对机械设备的选择、使用、维护等是否符合标准，方法因素表现在施工组织设计、施工方案、施工工艺以及施工技术措施等，环境因素表现在自然环境、劳动环境、管理环境等。

施工单位在工程建设中同样面临"铁三角"的约束，也希望在保证质量的前提下尽量降低施工成本、加快工程建设进度。但在工程实践中，一些建筑质量安全案例证明，某些建筑企业由于盲目赶工期要进度或者过度控预算降成本，而成了发生建筑质量事故的导火索。所以施工单位也要加强对工期和项目建设成本的合理管控。在招投标方面，施工单位要利用这种方式来选择合格的工程分包商和材料设备供应商，如果对招投标工作缺乏有效管理，就可能会因为对分包商和供应商选择不当，而给后期工程建设质量带来威胁。在现实中，许多建筑质量安全问题的发生都可能与不当转包、分包和使用的建筑材料低劣等因素有关。另外，一些建筑企业为了能够拿到项目，在投标中压低报价中标，然后在工程建设中通过偷工减料降低成本，从而成为建筑质量事故的诱发因素。本章研究施工单位因素对建筑工程质量的影响，也是基于其与参与工程建设的其他利益相关者的相互关系来进行思考，所以本章把施工单位对工期、施工成本和招投标管理的有关问题融合到了遵守规范施工、建筑材料使用情况、分包商选择等因素之中。

综上所述，施工单位是工程项目的主要实施者，施工单位的资质、各级管理人员的专业素质、施工人员的专业能力、建筑材料的使用情况（比如质量合格、成本合理）、机械设备的使用情况、施工组织设计、施工工艺和方法、分包商选择（包括招投标管理）、遵守规范施工（如文明施工、按规定工期施工、按施工图和质量技术标准施工等）等因素都会对建筑工程质量产生影响。

5.1.3　供应商因素

供应商是指对建筑工程提供材料和工程制品的单位，不合格建筑材料及制品也是造成建筑工程质量事故的因素。对于由于建筑材料造成的质量事故，既有可能是由于施工单位使用不当，也有可能是由于供应商供应的材料本身就有质量缺陷。李杏（2011）指出建筑制品及建筑材料存在的质量问题主要表现在承重结构使用的材料质量不合格、砌筑砂浆和混凝土质量差、防水材料质量不良、装饰材料质量不良以及钢筋混凝土制品质量不良等方面。刘小艳（2012）指出供应商供应资源的科学合理性也是导致工程质量事故的因素之一，主要表现在工程所需资源能否及时、准确地得到供应。

综上所述，供应商是建筑工程项目的重要参与者，供应商提供材料和设备的质量、合格与否，以及提供材料的及时性和准确性都会影响到后续施工项目的质量。

5.1.4　勘察与设计单位因素

如上文所述，勘察与设计单位所做的勘察与设计工作在工程建设中起到了龙头作用，勘察与设计工作的质量对保障整个工程项目后续质量起到了决定性作用。陈刚（2006）指出设计单位的资质较低、设计人员缺乏经验、缺乏质量意识等都是造成后续工程项目质量事故的原因之一。林枫（2006）从 4M1E 角度分析了设计单位影响工程项目质量的因素，即人（man）的因素：设计单位的资质、人员的能力、素质、经验等；材料（material）因素和机械设备（machine）因素：对材料、机械设备等物资要素的选择是否合理、先进、经济以及设计单位的硬件设施是否满足设计的需要；方法（method）因素：包括设计资料的可靠性和有效性，设计方法、工艺、标准的适用性和安全性以及设计方案是否整体最优等；环境（environment）因素：包括设计单位是否充分考虑了经济环境、业主投资环境、资源供给环境、社会环境以及工程对象的自然环境等。潘巍（2012）指出勘察设计单位造成工程质量事故的主要因素包括勘察的缺陷及错误和设计方案的缺陷或错误等。李杏（2011）指出工程地质勘查失误是导致工程质量事故的重要原因之一，主要表现在对地质勘查的认真程度不足、对地基容许承载力计算的准确程度不足、地质勘查方法有误导致勘查结果不准确、勘查报告不详细等；设计失误主要表现在结构方案不正确、结构实际受力情况与设计计算不符、荷载考虑不正确、设计计算错误等。刘小艳（2012）指出勘察设计单位除设计质量之外，设计交底质量也会影响到建筑工程项目实施的质量，设计单位按照规定对施工单位和监理单位进行关于设计方案特点、难点的解释，是其后续工程项目施工过程中对关键部门质量保障的基础。

综上所述，勘察设计单位是各个工程项目的先导者，勘察设计单位的勘察设计质量会直接导致后续工程项目的质量，如勘察单位的资质、勘察人员的专业能力和素质、地质勘查的准确程度、设计单位的资质、设计人员的专业能力和素质、设计方案的质量、设计交底的质量等因素都会影响后续建筑工程项目的质量。

5.1.5 政府相关职能部门因素

政府相关职能部门主要建设行政主管部门、质量监督部门、安全监督部门、环保部门等，政府相关职能部门的监管是保障建筑工程质量安全的最后一道防线，政府监管的不力有可能会导致整个项目的任一环节发生质量问题

（陈刚，2006；潘巍，2012）。盛建功（2012）将政府及其相关部门作为影响铁路工程项目质量的利益相关方并指出政府的质量管理意识、相关部门职责定位、政策制定及执行水平等都会影响工程项目的质量。刘小艳（2012）指出政府方面存在的工程质量影响因素主要包括工程质量监督管理的法律、法规的完善性，质量监督管理的方式和方法，质量监督管理的水平以及政府的廉洁程度等。

综上所述，政府及相关职能部门是建筑工程项目质量的重要保障之一，政府及相关职能部门的质量监管责任意识、质量监管政策和制度的制定与执行、质量监管水平以及政府廉洁程度等都会影响政府及相关职能部门对相关主体的监管，从而影响相关主体对工程项目的质量保障行为。

5.1.6　监理单位因素

监理单位在项目实施过程中主要代表建设单位对建筑工程项目实施监督和管理，监理制度的实施保证了我国建设行业各类项目的有序进行，为经济建设做出了重要贡献，监理单位在保障建筑工程质量中的重要角色不言而喻。因此，监理单位也是影响工程质量事故发生的因素之一，表现包括监理力度不足，监理工程师责任意识不强，责任不落实，流于形式等（陈刚，2006；潘巍，2012）。尚召云（2011）指出监理单位方面的因素主要表现在监理工程师的水平不高、监理工作不到位、责任不落实、监理单位技术装备和检查手段落后等。刘小艳（2012）指出监理单位的独立性和公正性、监理单位的专业化水平、监理人员素质、隐蔽工程的验收质量等都会影响工程项目最终的质量。

综上所述，监理单位作为建设单位的代表，对整个工程项目的顺利进行起到了关键的监督作用，监理单位能否在各个施工环节中尽到监督的责任和义务对施工单位是否会按照规范保证建筑工程项目的质量至关重要。主要表现在监理工程师的专业能力和素质、责任意识、技术装备和监督检查的质量等。

5.1.7　社会组织、公众、媒体等因素

社会组织、公众和媒体等作为独立的第三方，对建筑工程项目的质量也

具有一定的影响，尤其是在互联网比较发达的今天，独立第三方对建筑工程项目质量的监督和反应在某种程度上能够促进各利益相关者注重工程质量，避免某些明显的危害建筑工程质量的行为。独立的第三方对建筑工程质量影响的因素主要表现在其质量责任意识、专业水平和独立性等。

5.1.8 用户因素

用户主要是指各类工程项目最终的使用者或所有者。大多数时候用户是作为建设单位的客户，用户对建筑工程质量的关切很大程度上影响建设单位、施工单位等对质量目标和责任义务的落实。此外，用户在使用各类工程项目的过程中也会造成某种质量事故，潘巍（2012）指出用户对建筑物使用及维护不当也是造成工程质量事故的因素之一。因此，用户对建筑工程质量的影响也不得不加以考虑，因素主要表现在用户对工程质量的重视程度、对建筑物的使用及维护是否恰当等。

5.2 数 据 获 取

通过上文对相关文献和理论的分析，初步确定了在利益相关者视角下对建筑工程质量的影响因素，为进一步梳理和明确对建筑工程质量的影响因素，本章在上述因素识别的基础上，通过设计相关量表和问卷，进一步获取相关企业对建筑工程质量影响因素的数据，进而为筛选关键影响因素提供数据基础。

5.2.1 量表与问卷设计

本研究量表设计及测量题项确定主要通过以下三种途径进行：

一是相关文献和理论分析。通过对与建筑工程质量相关的文献和理论进行梳理分析，提取出以往学者在研究过程中得出的影响因素，在借鉴以往学者研究成果的基础上，确定了基于利益相关者的建筑工程质量影响因素的初始题项。

二是专题研讨。通过所在课题组对建筑工程质量影响因素进行专题讨论，一方面通过头脑风暴法进行对影响因素的分析和汇总，另一方面对通过文献和理论分析确定的初始测量题项进行分析，并在语义表述和内容上进行完善。

三是专家访谈。访谈对象主要针对在工程实践中具有多年经验的管理人员、工程师等，对通过专题研讨确定的测量题项进行询问、分析，使测量题项更能与工程实践相契合。

通过上述步骤，本书确立了基于利益相关者的建筑工程质量影响因素初始测量量表，如表5-1所示。

施工单位的资质、各级管理人员的专业素质、施工人员的专业能力、建筑材料的使用情况（比如质量合格、成本合理）、机械设备的使用情况、施工组织设计、施工工艺和方法、分包商选择（包括招投标管理）、遵守规范施工（如文明施工、按规定工期施工、按施工图和质量技术标准施工等）等因素都会对建筑工程质量产生影响。

表5-1　　　　　　　　　建筑工程质量影响因素初始测量题项

序号	利益相关者	测量题项
1	建设单位	决策能力（包括招投标管理）、质量目标设定、合同履行情况（指建设单位自身执行合同情况）、资金供应情况（包括预算控制）、合同管理能力（指建设单位对施工方、设计方、监理方等的合同管理。包括工期控制、预算执行、质量监管等）、质量保证体系完善性、对建设程序遵守情况
2	施工单位	施工单位的资质、各级管理人员的专业素质、施工人员的专业能力、建筑材料的使用情况（比如质量合格、成本合理）、机械设备的使用情况、施工组织设计、施工工艺和方法、分包商选择（包括招投标管理）、遵守规范施工（如文明施工、按规定工期施工、按施工图和质量技术标准施工等）
3	供应商	提供材料的质量情况、提供设备的合格情况、提供材料的及时性、准确性、设备维护情况
4	勘察与设计单位	勘察设计单位的资质、勘察人员的专业能力和素质、地质勘查的准确程度、设计人员的专业能力和素质、设计方案的质量、相关规范的适用性、设计交底的质量

续表

序号	利益相关者	测量题项
5	政府及相关职能部门	质量监管责任意识、质量监管政策和制度的制定、执行、质量监管水平以及政府廉洁程度
6	监理单位	监理工程师的专业能力、素质、责任意识、技术装备和监督检查的质量
7	社会组织、公众、媒体	质量责任意识、专业水平、独立性、公众与媒体的响应程度
8	用户	对工程质量的重视程度、维权意识、对建筑物的使用及维护是否恰当

资料来源：作者编制。

　　根据上述测量量表，采用 5 级里克特量表设计方法，设计了本研究的调查问卷（如附录一所示），由于施工单位是建筑工程项目的主要实施者和质量责任承担者，并且施工单位也是能够接触到各个利益相关者的重要主体，因此，本书将调查问卷的主要调查对象确定为施工单位管理人员，以项目部为单位，包括项目部中各级管理人员，例如项目经理、副经理、技术负责人、采购经理、安全经理、技术员、安全员、质量员等。问卷共包含三部分内容，第一部分为所调查项目的信息，包括项目名称、项目所在地区、项目类型、结构类型等；第二部分为问卷的主要调查内容，是对各利益相关者影响建筑工程质量的因素和对应工程项目质量情况的测量，其中建设单位影响因素共计 7 个题项，施工单位影响因素共计 9 个题项，供应商影响因素共计 5 个题项，勘察与设计单位影响因素共计 7 个题项，政府及相关职能部门影响因素共计 5 个题项，监理单位影响因素共计 5 个题项，社会组织、公众和媒体影响因素共计 4 个题项，用户影响因素共计 4 个题项，对应工程项目质量情况共计 3 个题项（包括因出现质量问题频率、因质量问题被处罚的频率、造成损失的程度等）；第三部分为所调查人员的基本信息，包括调查者的性别、年龄、受教育情况、职位、工作年限等信息。

5.2.2　问卷的发放与回收

　　为使获取的数据更有代表性，本书将问卷发放对象确定为全国各地的建筑工程项目，鉴于中东部地区建筑业发展较为迅速，建筑工程项目较多，发放对象多侧重于中东部地区。为确保问卷发放与回收的有效性，更好地传达与解释调查问卷的目的，问卷发放人员使用熟悉本研究研究内容的课题组内的博士研究生、硕士研究生和本科生，从而能够在问卷发放过程中就问卷涉及的相关问题对被调查人员一定的解释。除现场发放问卷外，对于比较偏远的地区也采取了邮件发放与回收的方式。

本次调查问卷共计发放 600 份，回收问卷 552 份。根据无效问卷删除原则：①问卷中出现有规律的回答，如连续 10 个题项的回答是一个选项，或呈 1、2、3、4、5 等类似的规律性作答；②问卷第二部分的漏填项较多，一般超过总题项的 10%。在剔除无效问卷后，本研究共计回收有效问卷 528 份，问卷有效回收率为 88%。

5.2.3 数据的描述性统计

为充分说明本研究调查对象与获取数据的代表性，下面对所获取数据的样本特征进行统计分析。

1. 样本项目类型特征分析

根据表 5 - 2 的分析结果可知，被调查项目中样本项目类型主要包括民用建筑项目、市政公用项目和工业建筑项目，占比分别为 37.50%、29.17% 和 23.67%；其他项目类型占到了 9.66%，因此，从项目类型来看，调查的样本项目能够代表我国现阶段建筑工程项目的分布特征，具有一定的代表性。

表 5 - 2　　　　　　　　　　样本项目类型特征分析

样本项目类型	频数	百分比（%）	累积百分比（%）
民用建筑项目	198	37.50	37.50
工业建筑项目	125	23.67	61.17
市政公用项目	154	29.17	90.34
其他	51	9.66	100.00
合计	528	100.00	

资料来源：数据统计分析所得。

2. 样本项目所在地区特征分析

根据表 5-3 分析结果可知，本研究所调查的样本项目共分布在全国 19 个省、自治区、直辖市，在地域特征上较大范围的覆盖了国内的建筑工程项目。其中，华北和华东两地的样本项目较多，包括华北地区的河北、河南、天津、北京和内蒙古五个地区，所占比例达到 50.75%，华东地区的山东、浙江、江苏、安徽等地，所占比例为 41.16%。从项目所在地区分布来看，本研究调查的样本项目能够在一定程度上代表我国的建筑工程项目。

表 5-3　　　　　　　　　　　　样本项目所在地区特征分布

地区	频数	百分比（%）	累积百分比（%）	地区	频数	百分比（%）	累积百分比（%）
安徽	23	4.36	4.36	辽宁	4	0.76	53.79
北京	30	5.68	10.04	内蒙古	35	6.63	60.42
福建	10	1.89	11.93	山东	68	12.88	73.30
广东	13	2.46	14.39	山西	15	2.84	76.14
贵州	4	0.76	15.15	陕西	9	1.70	77.84
河北	88	23.67	31.82	上海	14	2.65	80.49
河南	36	6.82	38.64	四川	5	0.95	81.44
黑龙江	5	0.95	39.58	天津	42	7.95	89.39
湖南	6	1.14	40.72	浙江	56	10.61	100.00
江苏	65	13.31	53.03	合计	528	100.00	

资料来源：数据统计分析所得。

3. 样本项目结构类型特征分析

根据表 5-4 样本项目结构类型分析结果可以看出，框剪结构的项目所占比例最大，达到了 27.46%；其次为框架结构，所占比例为 23.86%，砖混结构、钢结构和短肢剪力墙项目所占比例分别为 19.51%、14.77%、10.23%。从项目结构类型看，本书调查的样本项目能够在一定程度上代表我国建筑工程。

表 5 – 4 样本项目结构类型分析

结构类型	频数	百分比（%）	累积百分比（%）
框架	126	23.86	23.86
框剪	145	27.46	51.33
短肢剪力墙	54	10.23	61.55
钢结构	78	14.77	76.33
砖混	103	19.51	95.83
其他	22	4.17	100.00
合计	528	100.00	

资料来源：数据统计分析所得。

4. 被调查者性别特征分析

根据表 5 – 5 分析结果可以看出，被调查者中的男性所占比例较高，为 88.83%，女性所占比例较少，仅为 11.17%。这是由于问卷调查对象以工程项目现场为主，而我国工程建设领域一线从业人员主要以男性居多，符合当前建筑行业从业人员的现状。因此，从被调查者性别比例特征看，本书调查的被调查人员能够在一定程度上代表我国建筑工程行业从业人员。

表 5 – 5 被调查者性别比例分析

性别	频数	百分比（%）	累积百分比（%）
男性	469	88.83	88.83
女性	59	11.17	100.0
合计	528	100.00	

资料来源：数据统计分析所得。

5. 被调查者工作年限特征分析

根据表 5 – 6 分析结果可知，工作年限在 6～10 年的被调查者所占比例最大，为 37.50%，其次为 5 年及以下和 11～15 年的被调查者，所占比例分别 28.79% 和 21.59%，工作年限在 16 年以上的被调查者占到了 12.12%。由此看出，本次调查的被调查人员在工作年限的分布上比较均匀，能够在一定程度上代表不同工作年限被调查对象的意见。

表 5 - 6 被调查者工作年限特征分布

工作年限	频率	百分比（%）	累积百分比（%）
5 年及以下	152	28.79	28.79
6 ~ 10 年	198	37.50	66.29
11 ~ 15 年	114	21.59	87.88
16 ~ 20 年	35	6.63	94.51
21 年及以上	29	5.49	100.00
合计	528	100.00	

资料来源：数据统计分析所得。

6. 被调查者年龄特征分析

根据表 5 - 7 分析结果可知，年龄在 31 ~ 40 岁之间的被调查者所占比例最大，为 38.83%，其次为 18 ~ 30 岁和 41 ~ 50 岁的被调查者，所占比例分别 25.57% 和 25.00%，51 岁以上的被调查者占到了 10.61%。由此看出，本次调查的被调查人员在年龄分布上比较均匀，符合我国建筑行业从而人员的年龄特征，能够在一定程度上代表各个年龄段被调查对象的意见。

表 5 - 7 被调查者年龄特征分布

年龄	频率	百分比（%）	累积百分比（%）
18 ~ 30 岁	135	25.57	25.57
31 ~ 40 岁	205	38.83	64.39
41 ~ 50 岁	132	25.00	89.39
51 岁以上	56	10.61	100.00
合计	528	100.00	

资料来源：数据统计分析所得。

7. 被调查者学历分析

从表 5 - 8 分析结果可知，被调查人员中专以下学历的人数较多，比例为

57.20%，其次为中专及以上学历者所占比例为42.80%。这也与我国建筑行业从业人员的特点有关，尤其是具有十年以上工作经验的管理人员其学历均不太高，不过随着近年来我国高等教育的普及，建筑行业从业人员的学历层次也在逐步提高。因此，从被调查者学历来看，本研究调查数据也能够在一定程度上代表我国建筑行业从业人员的现状。

表 5 - 8　　　　　　　　　　被调查者学历特征分析

受教育程度	频率	百分比（%）	累积百分比（%）
小学	39	7.39	7.39
初中	137	25.95	33.33
中专	126	23.86	57.20
高中	98	18.56	75.76
大专	78	14.77	90.53
本科及以上	50	9.47	100.00
合计	528	100.00	

资料来源：数据统计分析所得。

8. 被调查者职位特征分析

根据表 5 - 9 被调查者职位特征分析结果可知，被调查人员既包含项目部的领导人员，也包含普通的管理人员，其中项目经理、项目副经理、安全经理、技术负责人和采购经理共计占到了总被调查人数的44.32%，质量员、安全员和技术员等其他普通管理人员共占到了55.68%。因此，从被调查者职位特征来看，本书调查数据能够在一定程度上整体反映建筑工程从业人员对调查问题的意见。

表 5 - 9　　　　　　　　　　被调查者职位特征分析

职位	频率	百分比（%）	累积百分比（%）
项目经理	30	5.68	5.68
项目副经理	52	9.85	15.53

续表

职位	频率	百分比（%）	累积百分比（%）
安全经理	43	8.14	23.67
技术负责人	53	10.04	33.71
采购经理	56	10.61	44.32
质量员	89	16.86	61.17
安全员	96	18.18	79.36
技术员	75	14.20	93.56
其他	34	6.44	100.00
合计	528	100.00	

资料来源：数据统计分析所得。

综上所述，通过从被调查项目特征和被调查人员特征两个方面的分析，得出本次调查样本数据具有一定的代表性，能够较好地反映影响我国建筑工程项目质量等相关问题的因素。因此，可以利用获取的数据进行下文的分析。

5.3 基于粗糙集的建筑工程质量重要影响因素筛选

由于本书初步确定的基于利益相关者的影响建筑工程质量的因素较多，在分析各影响因素对建筑工程质量作用机理之前，有必要对部分非关键因素进行筛除，从而更好地进行关系分析。对此，本节以上文获取的有效数据为基础，采用粗糙集的理论与方法对建筑工程质量的影响因素进行筛选，从而获取重要影响因素，为下文的影响因素的作用机理分析提供支持。

5.3.1 粗糙集理论与方法介绍

1. 粗糙集的产生与发展

粗糙集（rough sets）理论与方法由波兰教授帕弗拉克（Pawlak，1982）

首次提出，并于 20 世纪 80 年代末期得到较快发展和广泛应用。粗糙集理论作为一种数学工具，主要用于定量分析处理一些不一致、不精确、不完整信息与知识，现已在规则提取、数据挖掘、机器学习、模式识别与决策支持与分析等领域得到了广泛的应用（张文修和吴伟志，2000；王珏，2005），由于粗糙集理论与方法在思想和方法上与其他方法有显著的独特性，因此使其成为一种重要的智能信息处理技术。目前针对粗糙集理论与方法的国际会议有三个，分别是粗糙集和当前计算趋势国际会议（Rough Sets and Current Trends in Computing，RSCTC）、粗糙集、模糊集、数据挖掘与粒度计算国际会议（Rough Sets，Fuzzy Sets，Data Mining and Granular Computing，RS-FDGrC）和粗糙集与知识技术国际会议（Rough Sets and Knowledge Technology，RSKT）。此外，粗糙集理论也广泛应用到了各个行业，如交通运输、环境科学、安全科学、社会科学等（王国胤等，2009）。

2. 粗糙集知识约简的基本原理

粗糙集理论以分类机制为基础，并拓展了经典集合论，粗糙集把"分类"视为在某个特定空间上的等价关系，反过来，该等价关系又构成了对该特定空间的划分。此外，粗糙集理论将用于分类的知识作为集合的组成部分，并嵌入到集合中。其将用于分类的知识理解成为对特定数据的划分，每一划分的集合称之为"概念"，核心思想是在已知知识库的基础上，近似地表述某些不确定或不准确的知识。粗糙集理论的特点与优势就是面对此类问题时无须提供所需处理问题数据集合之外的任何先验信息。粗糙集知识约简的内涵主要包括信息表知识表达系统、上下近似集、属性约简、属性依赖度和属性重要度等内容（王国胤等，2009），下面做简要阐述。

（1）信息表知识表达系统。信息表知识表达系统主要体现为某个研究对象的集合，这些集合分类知识的表达形式主要为该特定对象的属性（特征）和属性值（特征值）。设一组数据集合为 U 以及其等价关系集为 R，在 R 下对 U 的划分，称为知识，表示为 U/R。一个信息表知识表达系统可以表示为 S =（U，A，V，f）。其中，S 为信息表知识表达系统，U 代表研究对象的非空有限集合，也称为论域；A 代表研究对象属性的非空有限集合，包括条件属性集 C 和决策属性集 D；V 为属性 A 的值域，表达了属性 A 的取值范围；f 为信息函数，对每个对象的每个属性赋予一个信息值。当 $A = C \cup D$ 且 $C \cap D = \varnothing$ 时，信息表知识表达系统就可成为一个决策系统或决策表。在采用粗糙集理论处理实际问题时，问卷的决策系统通常表示为一个决策表，其中行表示研究对象的决策属性，列表示研究对象的条件属性。

（2）上近似集和下近似集。对于任意一子集 $B \subseteq A$，可以定义一个不可分辨二元关系 IND（B），亦即 $IND(B) = \{(x, y) | (x, y) \in U^2, \forall b \in B(b(x) = b(y))\}$，显然，IND（B）是一个等价关系，并且 $IND(B) = \underset{b \in B}{\cap} IND(\{b\})$，每个子集 $B \subseteq A$ 也可称为一个属性。对于一个等价关系 $R \in IND(B)$，使得集合 $X \subseteq K$ 是 R 是精确的，则 X 被称为 B 中的精确集，如果使得集合 $X \subseteq K$ 是 R 是粗糙的，则 X 被称为 B 中的粗糙集。在粗糙集理论中，对于粗糙集的定义借助两个精确集（即粗糙集的上近似集和下近似集）来定义。即假设 X 是 U 的一个粗糙子集（$X \subseteq U$），R 是 U 上的等价关系，则粗糙集 X 的上下近似子集的定义分别为 $R^-(X) = U\{Y \in U/R | Y \cap X \neq \varnothing\}$ 和 $R_-(X) = U\{Y \in U/R | Y \subseteq X\}$，其中 Y 为 U 上等价关系 R 对 U 的划分。上近似集表示所有与 X 交集不为空的等价类的并集，下近似集表示 U 中一定能被包含在 X 中的等价类的并集。

（3）属性约简。属性约简是在众多的条件属性集合中提取出部分必要的属性，从而使得根据该部分条件属性形成的知识分类和所有条件属性形成的决策属性分类一致。属性约简是粗糙集理论处理信息的重要手段，它在保持既定的信息系统分类能力水平的前提下，对于某些非必要信息进程筛除，保留必要信息，从而使得决策或分类规则更加精确，进而达到简化问题的目的。

（4）属性依赖度和属性重要度。属性依赖度和属性重要度是粗糙集属性约简的重要指标，属性依赖度反映了研究对象属性与属性之间的关系，指一种属性对另一种属性推导的能力；而属性重要度是指各属性对于分类的重要程度，在粗糙集属性约简中主要通过删除属性后对分类情况改变的影响来衡量，如果改变较大，说明该属性的重要性高，在属性约简时应予以保留，反之则予以删除。

3. 粗糙集属性约简的实现

目前常用的粗糙集知识约简的工具为 Rosetta 软件，是建立在粗糙集理论基础上的表格逻辑数据分析工具包，主要功能包括对数据的预处理（如决策表补齐、离散化等）、对不同类型的不可分辨关系进行约简计算等。利用Rosetta软件实现粗糙集的属性约简的步骤主要包括数据准备和读取、数据的补充和离散化、决策表属性约简等三个主要步骤，本研究即利用Rosetta软件对建筑工程质量的影响因素进行属性约简，以获取对建筑工程质量影响的重要因素，删除不重要因素。

5.3.2 重要影响因素的筛选与分析

1. 数据准备和读取

根据Rosetta软件属性约简的步骤，首先根据获取的数据和信息建立决策表，决策表中的列代表研究对象的条件属性，即上文建立的基于利益相关者的建筑工程质量的影响因素，共计43个。决策表中的行代表研究对象的决策属性，即通过问卷调查获取的工程项目管理人员对各个影响因素水平的判断，采用5级里克特量表的形式对影响因素水平由"非常不好"至"非常好"分别计分为1~5分。根据上文调查问卷的发放与回收情况，有效样本数量为528份，以此为基础进行数据的录入与读取。

2. 数据的补充和离散化

在进行属性约简之前，需要对数据进行一定的处理。首先，是对数据中部分缺失项进行检查与补齐，以保证在属性约简时数据的完整性。数据补齐方法主要有平均值补齐方法、邻近点均值填补法、同类均值填补法、线性插补法以及期望值最大化法。其中，平均值补齐方法是根据缺失属性所有值的平均值来填补缺失值（郑涛，2012），适用于缺失值少的数据补齐，其操作简便且可以有效地降低其点估计的偏差，也是各类统计模型中常用的数据补齐方法，因此本书在对数据补齐时采用平均值补齐方法。

此外，粗糙集进行属性约简时还要求数据为离散型数据，并要求在数据离散后能够较好地保全数据信息，根据数据在离散过程中是否考虑类别属性，离散算法可以分为无监督离散算法和有监督离散算法两类，前者包括等宽划分算法、等频划分算法和均值聚类算法，等宽划分算法在区域数据差距较大时容易产生较大的点估计误差，无监督离散算法没有考虑信息系统的类别属性和不可分辨关系，不能保证离散的质量，有监督算法考虑了信息系统的不可分辨关系，并且根据条件属性和决策属性值自动选取区间断点，但由于没有考虑条件属性之间相关性，在离散过程中容易产生冗余断点。由于本书研究对象的条件属性具有较强的相关性，有监督算法可能产生过多的冗余断点，影响离散的质量，因此在选取离散算法时采用无监督算法中的等频划分算法。利用 Rosetta 软件进行数据补齐和离散后的结果如图 5－1 所示。

	决策能力	质量目标设定	合同履行情况	资金供应	合同管理	质量保证体系	建设程序遵守	施工单位资质	管理专业素质	施工能力	建筑材料使用
1	[5,	[5, *)	[5, *)	[4,	[5,	[5, *)	[4, 5)	[4, 5)	[4, 5)	[5, *	[5, *)
2	[5,	[4, 5)	[4, 5)	[*,	[*,	[*, 4)	[4, 5)	[*, 4)	[*, 4)	[4, 5	[*, 4)
3	[4,	[4, 5)	[4, 5)	[*,	[4,	[*, 4)	[4, 5)	[*, 4)	[4, 5)	[4, 5	[*, 4)
4	[4,	[4, 5)	[4, 5)	[*,	[*,	[*, 4)	[4, 5)	[*, 4)	[*, 4)	[*, 4	[*, 4)
5	[5,	[5, *)	[5, *)	[*,	[*,	[*, 4)	[4, 5)	[*, 4)	[*, 4)	[4, 5	[*, 4)
6	[*,	[*, 4)	[*, 4)	[*,	[*,	[*, 4)	[4, 5)	[*, 4)	[*, 4)	[4, 5	[*, 4)
7	[*,	[4, 5)	[4, 5)	[*,	[*,	[*, 4)	[4, 5)	[*, 4)	[*, 4)	[4, 5	[*, 4)
8	[4,	[*, 4)	[*, 4)	[4,	[4,	[*, 4)	[4, 5)	[4, 5)	[4, 5)	[4, 5	[*, 4)
9	[*,	[*, 4)	[*, 4)	[4,	[4,	[4, 5)	[4, 5)	[5, *)	[4, 5)	[4, 5	[5, *)
10	[4,	[4, 5)	[4, 5)	[*,	[*,	[*, 4)	[4, 5)	[*, 4)	[*, 4)	[4, 5	[*, 4)
11	[4,	[4, 5)	[4, 5)	[*,	[*,	[*, 4)	[4, 5)	[*, 4)	[*, 4)	[4, 5	[*, 4)
12	[4,	[4, 5)	[4, 5)	[*,	[*,	[*, 4)	[4, 5)	[*, 4)	[*, 4)	[4, 5	[*, 4)
13	[*,	[4, 5)	[*, 4)	[*,	[*,	[*, 4)	[4, 5)	[*, 4)	[*, 4)	[4, 5	[*, 4)
14	[*,	[*, 4)	[*, 4)	[4,	[*,	[*, 4)	[4, 5)	[*, 4)	[4, 5)	[4, 5	[*, 4)
15	[*,	[*, 4)	[*, 4)	[4,	[4,	[*, 4)	[4, 5)	[*, 4)	[*, 4)	[4, 5	[*, 4)

	机械设备使用	施工组织设计	施工工艺方法	分包商选择	遵守规范施工	材料质量情况	设备合格情况	提供材料及时性	提供材料准确	设备维护情况	配套设计质
1	[4, 5)	[5, *)	[5, *)	[5, *)	[5, *)	[5, *)	[5, *)	[4, 5)	[4, 5)	[5, *)	[4,
2	[4, 5)	[4, 5)	[4, 5)	[4, 5)	[*, 4)	[4, 5)	[4, 5)	[4, 5)	[4, 5)	[4, 5)	[4,
3	[4, 5)	[5, *)	[4, 5)	[5, *)	[*, 4)	[4, 5)	[4, 5)	[4, 5)	[4, 5)	[4, 5)	[4,
4	[4, 5)	[5, *)	[5, *)	[5, *)	[4, 5)	[5, *)	[4, 5)	[4, 5)	[5, *)	[5, *)	[5,
5	[4, 5)	[4, 5)	[4, 5)	[4, 5)	[*, 4)	[4, 5)	[4, 5)	[4, 5)	[4, 5)	[4, 5)	[4,
6	[4, 5)	[4, 5)	[4, 5)	[4, 5)	[*, 4)	[4, 5)	[4, 5)	[4, 5)	[4, 5)	[4, 5)	[4,
7	[4, 5)	[5, *)	[5, *)	[5, *)	[*, 4)	[4, 5)	[4, 5)	[4, 5)	[4, 5)	[4, 5)	[4,
8	[4, 5)	[4, 5)	[4, 5)	[5, *)	[*, 4)	[4, 5)	[4, 5)	[4, 5)	[4, 5)	[4, 5)	[4,
9	[4, 5)	[4, 5)	[4, 5)	[4, 5)	[*, 4)	[4, 5)	[4, 5)	[4, 5)	[4, 5)	[4, 5)	[4,
10	[4, 5)	[4, 5)	[4, 5)	[4, 5)	[*, 4)	[4, 5)	[4, 5)	[4, 5)	[4, 5)	[4, 5)	[4,
11	[4, 5)	[4, 5)	[4, 5)	[4, 5)	[*, 4)	[5, *)	[4, 5)	[4, 5)	[4, 5)	[5, *)	[4,
12	[4, 5)	[4, 5)	[4, 5)	[4, 5)	[*, 4)	[4, 5)	[4, 5)	[4, 5)	[4, 5)	[4, 5)	[4,
13	[4, 5)	[4, 5)	[4, 5)	[4, 5)	[*, 4)	[4, 5)	[4, 5)	[4, 5)	[4, 5)	[4, 5)	[4,
14	[4, 5)	[4, 5)	[4, 5)	[4, 5)	[*, 4)	[4, 5)	[4, 5)	[4, 5)	[4, 5)	[4, 5)	[4,
15	[4, 5)	[4, 5)	[4, 5)	[4, 5)	[*, 4)	[4, 5)	[4, 5)	[4, 5)	[4, 5)	[*, 4)	[4,

图 5－1 离散化后的决策表部分信息

注：由于条件属性中包含的样本和要素较多，鉴于篇幅有限，本研究只截取了部分数据。
资料来源：利用 Rosetta 软件进行数据处理的结果。

3. 属性约简

Rosetta 软件提供了多种属性约简的算法，目前应用比较广泛的为遗传算法以及 Johnson 算法。遗传算法借鉴生物进化论的自然选择和遗传学机理，通过对种群的选择、交叉、变异等操作，求得问题最优解。基于遗传算法的属性约简既能够保证在约简过程中的全局寻优特性又能加强在局部寻优的能力，从而使得求解约简问题的效果最佳（邹瑞芝，2011）。因此，本书使用遗传算法进行约简，结果如图 5－2 所示。

由图 5－2 可知，利用粗糙集理论与方法筛选得出了 28 个建筑工程质量的重要影响因素，其中建设单位方面因素为决策能力（包括招投标管理）、质量目标设定、合同履行情况（指建设单位自身执行合同情况）、资金供应

（包括预算控制）、合同管理（指建设单位对施工方、设计方、监理方等的合同管理。包括对工期、成本、质量的管理与控制）、质量保证体系；施工单位方面因素包括施工单位资质、管理人员的专业素质、施工人员专业能力、建筑材料使用情况（如质量合格、成本合理）、分包商选择（包括招投标管理）、遵守规范施工（如文明施工、按规定工期施工、按施工图和质量技术标准施工等）；供应商方面因素包括：提供的材料质量情况；勘察设计单位方面因素包括：勘察设计单位资质、勘察人员能力、勘察准确度、设计交底质量；政府及相关职能部门包括：政府廉洁程度；监理单位方面因素包括：监理工程师的专业能力、综合素质、责任意识、技术装备和检查质量；社会组织、公众和媒体方面因素包括：专业水平和响应程度；用户方面因素包括重视程度、维权意识、建筑物维护情况。

	Reduct	Support	Length
1	{决策能力，质量目标设定，合同履行情况，资金供应，合同管理，质量保证体系，施工单位资质，管理专业素质，施工能力，建筑材料使用，分包商选择，遵守规范施工，材料质量情况，勘察设计单位资质，勘察人员能力，勘察准确度，设计交底质量，政府廉洁程度，监理素质，监理能力，责任意识，技术装备，检查质量，专业水平，响应程度，重视程度，维权意识，建筑物维护}	100	28
2	{决策能力，质量目标设定，合同履行情况，资金供应，合同管理，质量保证体系，施工单位资质，管理专业素质，施工能力，建筑材...}	100	28
3	{决策能力，质量目标设定，合同履行情况，资金供应，合同管理，质量保证体系，施工单位资质，管理专业素质，施工能力，建筑材...}	100	29
4	{决策能力，质量目标设定，合同履行情况，资金供应，合同管理，质量保证体系，施工单位资质，管理专业素质，施工能力，建筑材...}	100	30
5	{决策能力，质量目标设定，合同履行情况，资金供应，合同管理，质量保证体系，施工单位资质，管理专业素质，施工能力，建筑材...}	100	31
6	{决策能力，质量目标设定，合同履行情况，资金供应，合同管理，质量保证体系，管理专业素质，施工能力，建筑材料使用，施工工...}	100	31
7	{决策能力，质量目标设定，合同履行情况，资金供应，质量保证体系，施工单位资质，管理专业素质，施工能力，建筑材料使用，施...}	100	32
8	{决策能力，质量目标设定，合同履行情况，资金供应，合同管理，质量保证体系，建设程序遵守，施工单位资质，管理专业素质，施...}	100	32
9	{决策能力，质量目标设定，合同履行情况，资金供应，合同管理，质量保证体系，施工单位资质，管理专业素质，建筑材料使用，机...}	100	33
10	{决策能力，质量目标设定，合同履行情况，资金供应，质量保证体系，建设程序遵守，施工能力，建筑材料使用，施工组织设计，施...}	100	33
11	{决策能力，质量目标设定，合同履行情况，资金供应，合同管理，质量保证体系，建设程序遵守，施工能力，施工组织设计，施工工艺方法，施...}	100	33
12	{决策能力，质量目标设定，合同履行情况，资金供应，合同管理，质量保证体系，建设程序遵守，施工能力，建筑材料使用，施工组...}	100	33
13	{决策能力，质量目标设定，合同履行情况，资金供应，合同管理，质量保证体系，建设程序遵守，管理专业素质，施工能力，建筑材料使用...}	100	33
14	{决策能力，质量目标设定，合同履行情况，资金供应，合同管理，质量保证体系，施工单位资质，管理专业素质，施工能力，建筑材料使用...}	100	33
15	{决策能力，质量目标设定，合同履行情况，资金供应，合同管理，质量保证体系，施工单位资质，管理专业素质，建筑材料使用...}	100	34
16	{决策能力，质量目标设定，合同履行情况，资金供应，合同管理，质量保证体系，施工单位资质，管理专业素质，建筑材料使用...}	100	34
17	{决策能力，质量目标设定，合同履行情况，资金供应，合同管理，质量保证体系，施工单位资质，管理专业素质，建筑材料使用，分...}	100	34

图 5 - 2   工程质量重要影响因素筛选结果

注：重要影响因素筛选结果以第一行为准。
资料来源：利用 Rosetta 软件进行数据处理的结果。

综上所述，根据获取的样本数据，利用粗糙集理论与方法对上文设计的初始测量题项进行了筛选，从而得出了对建筑工程质量影响相对较大的因素，但该结果并不代表被筛掉的因素对建筑工程质量没有影响，一方面可能在数据显示方面被筛掉的因素与保留的因素有一定重复性或相关性较大，另一方面可能在被调查的样本项目中被筛掉的因素影响确实不大。

5.4 本 章 小 结

本章主要从利益相关者角度分析了影响建筑工程质量的因素，首先基于上文提出的利益相关者，结合相关文献和理论分析，分别从建设单位、施工单位、供应商、勘察与设计单位、政府及相关职能部门、监理单位、社会组织、公众与媒体以及用户等方面梳理分析了影响建筑工程质量的因素；其次，通过专题讨论和专家访谈等形式设计了调查问卷，获取了全国范围内工程项目管理人员对影响因素意见的数据；最后，本研究利用粗糙集理论与方法对影响建筑工程质量的重要因素进行了筛选，得到了其中共计 28 个重要影响因素，从而为下文分析各影响因素之间的相互作用关系奠定了基础。

| 第 6 章 |

基于 SEM 的建筑工程质量
理论模型构建与分析

本章在分析相关文献的基础上，结合工程实践，采用结构方程的理论与方法构建建筑工程质量影响因素结构方程模型，并进行假设检验分析，以进一步分析上述各影响因素之间及其对建筑工程质量的作用规律，从而为利益相关者如何提高对建筑工程的质量管理提供理论支持。

6.1　理论模型构建和假设提出

到目前为止，从利益相关者角度定量分析建筑工程质量影响因素间作用机理的研究并不多，潘巍（2012）基于解释结构模型（interpretation structure model）的方法建立了建筑工程质量事故影响因素的 ISM 模型，其将建筑工程质量事故的影响因素分为根本原因（主要指建筑市场和法制环境的因素）、间接原因（各市场主体不规范的行为）和直接原因（技术、材料和管理等因素）等三层，根本原因对间接原因产生影响，间接原因对直接原因产生影响，而直接原因直接导致建筑工程质量事故的发生，但该模型仅是从理论上指出了各个影响因素之间的关系，没有指出各个因素之间影响作用的大小。刘小艳（2012）从建筑工程项目全寿命周期的角度构建了建筑工程项目质量管理动态模型，从项目决策阶段、项目准备阶段和项目实施阶段分析了利益相关者对建筑工程质量目标的影响。但该研究仅停留在定性分析阶段，没有进一步分析不同阶段各个利益相关者对质量目标的影响大小。

对此，本书在借鉴以往相关研究成果的基础上，结合工程建设领域的实际经验，并通过与一些行业内专家和企业管理者进行沟通，经过多次课题组内部讨论，提出了基于利益相关者的建筑工程质量影响因素理论模型，并提出了研究假设，如图 6 - 1 所示。

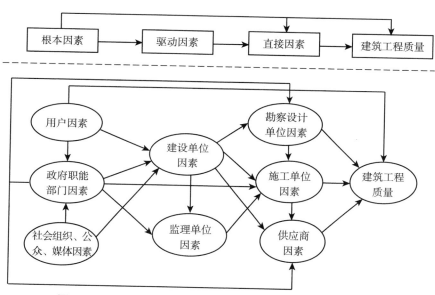

图 6 - 1　基于利益相关者的建筑工程质量影响因素理论模型
资料来源：作者编制。

由图 6 - 1 可知，本研究构建的基于利益相关者的建筑工程质量影响因素理论模型将影响因素分为根本因素、驱动因素和直接因素三个层次。其中，直接因素是指会对建筑工程质量产生直接影响的因素，主要表现为勘察设计单位因素、施工单位因素和供应商因素等；驱动因素是指不会对建筑工程质量产生直接影响但会对直接因素产生影响的因素，主要表现为建设单位因素和监理单位因素等；根本因素是指导致建筑工程质量问题最本质的原因，属于社会环境、政治制度层面的因素，主要表现为用户因素、政府及相关职能部门因素和社会组织与公众媒体因素等，该类因素主要体现为通过舆论或行政权力的方式对建筑工程质量进行监督，根本因素既会对驱动因素产生影响，也会对直接因素产生影响。

根据上文理论分析和相关文献研究，结合本书构建的理论模型，针对建筑工程质量及其影响因素间的作用机理提出如下假设。

假设 H1：勘察设计单位因素对建筑工程质量具有正相关关系

上文筛选出的勘察设计单位对建筑工程项目质量重要影响因素主要表现为勘察设计单位资质、勘察人员能力、勘察准确度、设计交底质量等因素，勘察设计单位提供的勘察设计文件是施工单位进行后续施工的基础和依据，如果勘察设计文件存在缺陷，据此实施的工程项目质量将存在严重的问题（李杏，2011；刘小艳，2012）。上述因素水平的提高，能够使得施工单位在施工过程中依据的勘察设计文件更加可靠，从而提高建筑工程项目的质量。因此提出本假设。

此外，诸如勘察人员能力、勘察准确度及设计交底质量等因素除指直接对建筑工程质量产生影响外，还对施工单位的施工组织设计产生影响，尤其是对施工过程中关于施工关键点和难点的控制，勘察设计文件在准确度、使用规范方面表现越好，施工单位作出的施工组织设计就越符合规范，所以勘察设计单位因素也会对施工单位因素产生一定的影响，因此提出假设 H1a：

假设 H1a：勘察设计单位因素对施工单位因素具有正相关关系

假设 H2：施工单位因素对建筑工程质量具有正相关关系

如上文所述，施工单位是对建筑工程质量具有重要影响的主体，施工单位在施工过程中的人、材料、机械设备、施工方法与施工环境等都会对建筑工程质量产生一定的影响（潘巍，2012；张燕芳，2013）。本书4.3节中筛选的施工单位方面的重要因素包含施工单位资质、管理人员的专业素质、施工人员专业能力、建筑材料使用情况、分包商选择、遵守规范施工等，其中基本包括了人、机、法等方面的因素，施工单位管理人员和施工人员的专业能力对施工质量具有显著的影响，尤其是对一些技术要求高、隐蔽性强的工程，施工组织设计也是指引施工单位按照规范施工的重要依据。上述施工单位方面的影响因素表现水平越好，其实施的建筑工程质量水平就越高，因此提出本假设。

此外，施工单位作为项目施工主体，其管理人员和施工人员的专业能力和素质对供应商提供材料和设备的质量情况也具有一定的影响，管理人员和施工人员的专业能力和素质越高，在材料选择、购买和验收方面就对供应商的要求越高，从而越能够保证供应商提供的材料和设备符合质量要求。因此，提出假设 H2a：

假设 H2a：施工单位因素对供应商因素具有正相关关系

假设 H3：供应商因素对建筑工程质量具有正相关关系

上文筛选出的供应商方面对建筑工程质量具有重要影响的因素是供应商提供材料和设备质量的合格情况，诸如在承重结构使用的材料质量不合格、砌筑砂浆和混凝土质量差、防水材料质量不良、装饰材料质量不良以及钢筋混凝土制品质量不良等方面都会对建筑工程质量产生影响（李杏，2011）。因此，提出本假设。

假设 H4：建设单位因素对直接因素具有正相关关系

建设单位是每个建筑工程项目的发起和组织者，其以订立合同的形式选择和决定了勘察设计单位、施工单位、供应商和监理单位等利益相关者的参与，由于建设单位不直接参与建筑工程的施工建设，所以并不会对建筑工程质量产生直接的影响，但会对上述参与主体的产生影响，从而对建筑工程质量产生间接影响。上文筛选出的建设单位方面的重要影响因素为决策能力、质量目标设定、合同履行情况、资金供应、合同管理、质量保证体系，建设单位的决策能力高，并严格履行相关合同，具备完善的质量保证体系等，就会对上述各个主体做出较严格的要求，并保证各个主体方面的因素达到一个较好的水平，因此提出假设 H4a ~ H4d：

假设 H4a：建设单位因素对勘察设计单位因素具有正相关关系

假设 H4b：建设单位因素对施工单位因素具有正相关关系

假设 H4c：建设单位因素对供应商因素具有正相关关系

假设 H4d：假设单位因素对监理单位因素具有正相关关系

假设 H5：监理单位因素对施工单位因素具有正相关关系

监理单位是对施工单位在工程项目建设过程中的主要监督者，对施工单位在人员、材料、设备和施工方法上的使用均具有监督和纠正的职责，上面筛选出的监理单位方面的专业能力、综合素质、责任意识、技术装备和检查质量等重要因素都是对监理责任和义务落实的重要因素，其也是通过对施工单位影响来给建筑工程质量产生间接影响，该方面因素的提高对提高施工单位的施工质量具有积极影响，因此提出本假设。

假设 H6：用户因素对建设单位因素具有正相关关系

对很多建筑工程项目而言，用户是最终的购买者和使用者，建设单位制定的建筑工程质量目标要考虑用户对建筑工程质量的要求，用户的要求越高，建设单位对建筑工程质量的程序越严格，从而提高建设单位在遵守规范方面的水平，因此提出本假设。

上文筛选出的用户方面对建筑工程质量的重要影响因素为重视程度、维权意识、建筑物维护情况，其中重视程度维权意识会对政府的廉洁程度产生一定的影响，而建筑物的使用情况和维护情况也会对建筑物本身的质量产生一定的影响，因此提出假设 H6a 和假设 H6b。

假设 H6a：用户因素对政府及相关职能部门因素具有正相关关系

假设 H6b：用户因素对建筑工程质量具有正相关关系

假设 H7：政府及相关职能部门因素对驱动因素和直接因素具有正相关关系

政府及相关职能部门如建设行政主管部门、质量和安全监督部门等主要负责建筑工程质量相关法规政策的制定执行以及对各类工程质量、安全等合法合规行为的审查与监管，上文筛选出的政府及相关职能部门方面的重要影响因素如政府廉洁程度等会对建设单位、监理单位、勘察设计单位、施工单位和供应商等主体行为合法履行相关职责和义务产生重要的影响，因此提出假设 H7a ~ H7e。

假设 H7a：政府及相关职能部门因素对建设单位因素具有正相关关系

假设 H7b：政府及相关职能部门因素对监理单位因素具有正相关关系

假设 H7c：政府及相关职能部门因素对勘察设计单位因素具有正相关关系

假设 H7d：政府及相关职能部门因素对施工单位因素具有正相关关系

假设 H7e：政府及相关职能部门因素对供应商因素具有正相关关系

假设 H8：社会组织、公众和媒体因素对建设单位因素具有正相关关系

社会组织、公众和媒体处于独立第三方，主要对相关利益主体的行为起到监督举报的作用，尤其是在互联网比较发达的今天，独立第三方的监督作用往往会对相关利益主体产生较好的督促作用，由于建设单位往往以建筑工程项目的主体出现，与社会组织、公众和媒体接触较多，对建设单位也具有

一定的影响。因此提出本假设。

此外，政府及相关职能部门作为公权力部门，也较易受到社会组织、公众和媒体等第三方独立主体的影响。因此，提出假设 H8a。

假设 H8a：社会组织、公众和媒体因素对政府及相关职能部门因素具有正相关关系

6.2 变量的质量和结构分析

在进行实证分析之前，需要对获取数据的可靠性和有效性进行分析，即利用获取的数据对变量的质量和结构进行分析，包括通过探索性因子分析、信度分析和验证性因子分析等方法对数据的信度和效度进行检验。在分析过程中，将获取数据随机均分成两部分，一部分用以进行探索性因子分析、信度分析，另一部分用以进行验证性因子分析，以达到相互验证的效果。

6.2.1 探索性因子分析

探索性因子分析的主要作用是明确变量的内部结构，为验证性因子分析的效度分析提供理论基础。在进行探索性因子分析之前，首先计算各变量的 KMO 值并进行 Bartelett 球形度检验，从而确定变量是否适合进行探索性因子分析，利用 SPSS19.0 软件对数据进行计算的结果如表 6 - 1 所示。

表 6 - 1　　　　变量的 KMO 值和 Bartelett 球形度检验 （N = 264）

因子内容	KMO 值	Bartelett 球形度检验		
		近似卡方	自由度	显著性
根本因素	0.884	820.225	15	0.000
驱动因素	0.920	1433.583	55	0.000
直接因素	0.913	1180.136	45	0.000

资料来源：数据处理结果。

　　由表 6-1 可知，根本因素、驱动因素和直接因素三个因子的 KMO 值分别为 0.884、0.920、0.913，均大于 0.5，且 Bartelett 球形度检验的显著性概率值均小于 0.001，达到了显著性水平，由此表明，三个因子均可以进行探索性因子分析。

　　同理，利用 SPSS19.0 软件进行探索性因子分析，采用主成分分析法提取公因子，利用最大方差法对因子的成分矩阵进行旋转，以特征值大于 1 的成分作为公因子，根本因素、驱动因素和直接因素等三个因子的解释方差和旋转成分矩阵分别如表 6-2、表 6-3、表 6-4 所示。

　　由表 6-2 可知，根本因素因子经过旋转后得到三个特征值大于 1 的公因子，且公因子的解释累计总方差达到 84.368%，大于 60%，说明提取的公因子能够较好地解释因子的整体含义。根据各题项表达的内涵将提取出的公因子分别命名为用户因素、政府及相关职能部门因素和社会组织、公众、媒体因素。此外，由各题项对公因子的载荷可以看出（表中加粗部分），各题项的因子载荷均大于 0.5，因此各题项均予以保留。

表 6-2　　　　　　　　　　根本因素因子解释方差和旋转成分矩阵

变量名称	题项	成分		
		1	2	3
用户因素	CM1	**0.798**	0.234	0.245
	CM2	**0.815**	0.296	0.228
	CM3	**0.837**	0.023	0.207
政府及相关职能部门因素	GFD1	0.311	0.214	**0.925**
社会组织、公众、媒体因素	SPM1	0.239	**0.939**	0.198
	SPM2	0.284	**0.821**	0.181
特征值		2.829	1.150	1.083
解释累计总方差（%）		47.143	66.317	84.368

　　资料来源：数据处理结果。

由表 6 - 3 可知，驱动因素因子经过旋转后得到两个特征值大于 1 的公因子，且公因子的解释累计总方差达到 61.578%，大于 60%，说明提取的公因子能够较好地解释因子的整体含义。根据各题项表达的内涵将提取出的公因子分别命名为建设单位因素和监理单位因素。借鉴廖中举（2015）对测量题项删除的标准：因子载荷小于 0.5 或在对应两个公因子的因子载荷均大于 0.5，由各题项对公因子的载荷可以看出（表中加粗部分），各题项的因子载荷均大于 0.5，题项 SU5（监理人员的责任意识）在成分 1 和成分 2 中的因子载荷均大于 0.5，因此予以删除，其他各题项均予以保留。

表 6 - 3　　　　　　　　驱动因素因子解释方差和旋转成分矩阵

变量名称	题项	成分	
		1	2
建设单位因素	PCU1	**0.743**	0.190
	PCU2	**0.662**	0.475
	PCU3	**0.769**	0.282
	PCU4	**0.610**	0.140
	PCU5	**0.734**	0.314
	PCU6	**0.647**	0.389
监理单位因素	SU1	0.239	**0.757**
	SU2	0.180	**0.842**
	SU3	0.344	**0.758**
	SU4	0.298	**0.703**
	SU5	**0.509**	0.588
特征值		3.467	3.307
解释累计总方差（%）		31.518	61.578

资料来源：数据处理结果。

由表 6 - 4 可知，直接因素因子经过旋转后得到三个特征值大于 1 的公因子，且公因子的解释累计总方差达到 74.179%，大于 60%，说明提取的公因子能够较好地解释因子的整体含义。根据各题项表达的内涵将提取出的公因子分别命名为勘察设计单位因素、施工单位因素和供应商因素。此外，由各题项对公因子的载荷可以看出（表中加粗部分），各题项的因子载荷均大于0.5，因此，各题项均予以保留。

表 6-4 直接因素因子解释方差和旋转成分矩阵

变量名称	题项	成分		
		1	2	3
勘察设计单位因素	SDU1	**0.776**	0.364	0.048
	SDU2	**0.626**	0.461	0.188
	SDU3	**0.699**	0.101	0.402
	SDU4	**0.632**	0.255	0.385
施工单位因素	CU1	0.314	0.466	**0.622**
	CU2	0.204	-0.034	**0.872**
	CU3	0.041	0.383	**0.819**
	CU4	0.321	0.158	**0.831**
	CU5	0.315	0.155	**0.834**
	CU6	0.440	0.293	**0.691**
供应商因素	MS1	0.499	**0.704**	0.055
特征值		2.915	2.851	2.393
解释累计总方差（%）		26.502	52.425	74.179

资料来源：数据处理结果。

6.2.2 信度分析

信度是指变量各题项数据的一致性水平，即数据的可信性，目前应用较广泛的信度检验的方法为 Cronbach 信度系数，简称 α 系数，同样利用SPSS19.0软件计算各变量的 α 系数，结果如表 6-5 所示。

由表 6-5 可知，各变量和量表整体的 α 系数均大于0.6，因此，说明在经过探索性因子分析之后，变量各维度的结构和一致性信度均比较好，满足实证分析的要求。

表 6 – 5   各变量的信度检验结果（N = 264）

变量名称	题项	α 系数	
用户因素	CM1	0.855	
	CM2		
	CM3		
政府及相关职能部门因素	GFD1	—	
社会组织、公众、媒体因素	SPM1	0.630	
	SPM2		
建设单位因素	PCU1	0.849	
	PCU2		
	PCU3		
	PCU4		
	PCU5		
	PCU6		
监理单位因素	SU1	0.836	0.960
	SU2		
	SU3		
	SU4		
勘察设计单位因素	SDU1	0.822	
	SDU2		
	SDU3		
	SDU4		
施工单位因素	CU1	0.843	
	CU2		
	CU3		
	CU4		
	CU5		
	CU6		
供应商因素	MS1	—	
建筑工程质量	CEQ1	0.802	
	CEQ2		
	CEQ3		

资料来源：数据处理结果。

127

6.2.3 验证性因子分析

在明确各变量的结构之后，为进一步验证变量结构的有效性，需要利用验证性因子分析对各变量再次进行检验，以验证测量题项与所要反映的各变量之间的关系，验证方法主要为效度检验，包括内容效度、收敛效度和区别效度等。验证性因子分析以另一部分数据为基础，采用 Amos17.0 软件进行。

1. 内容效度

内容效度是指针对测量内容所取样的适当性，即测量内容的适当程度和相符程度。内容效度的判定主要采取专家评价法，本书在量表设计过程中遵循了文献分析、专题研讨和专家访谈的步骤，最终以专家访谈意见确定了最终的问卷，因此可以认为问卷的内容效度是可以接受的。

2. 收敛效度

收敛效度是指用以测量相同潜在变量的题项会落在同一构面上，且通过题项所测得的测量值之间的相关性较高。在 Amos 中，收敛效度是指对各潜在变量的单面向测量模型的适配度（吴明隆，2009），下面以施工单位因素为例，对该潜变量的收敛效度进行检验，利用 Amos17.0 构建测量模型，收敛效度检验结果如图 6-2 所示。

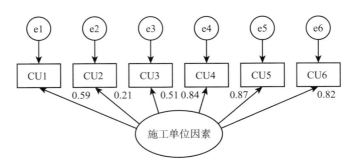

图 6-2 施工单位因素测量模型收敛效度检验

资料来源：数据处理结果。

由图 6 - 2 可知, 在施工单位因素测量模型收敛效度检验中, 假设所有误差项 (e1～e6) 之间相互独立, 六个测量题项误差项均不相关, 模型检验结果显示除 CU2 外其他五个测量指标的因素负荷量均大于 0.5, 且 C. R. 值大于 1.96, 说明五个测量题项参数均达到了 0.05 的显著性水平。就适配度而言, 整体模型的自由度等于 2, 卡方自由度比值为 14.740 大于 3, RMSEA 值为 0.233 大于 0.080, AGFI 值为 0.640 小于 0.900, GFI 值为 0.846 小于 0.900, 由此可见, 各指标值均未达到显著性水平, 因此, 有必要依据修正指标 (MI 值) 对模型进行修正, 即五个测量题项的误差项可能有某种程度上的联系, 依据修正指标, 逐一建立误差项之间的共变关系, 经过三步修正 (建立误差项 e1 和 e2、e2 和 e3、e1 和 e3 之间的共变关系) 之后, 模型即达到了较好的收敛效度, 测量模型收敛效度的检验结果如图 6 - 3 所示。

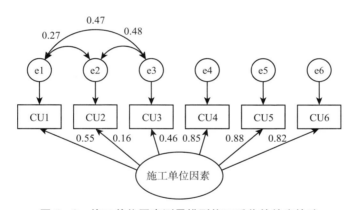

图 6 - 3 施工单位因素测量模型修正后收敛效度检验

资料来源: 数据处理结果。

修正后测量模型的测量指标参数变化不大, 且仍然显著。在模型拟合指标方面, 卡方自由度比值为 2.019 小于 3.000, RMSEA 值为 0.063 小于 0.080, AGFI 值为 0.946 大于 0.900, GFI 值为 0.984 大于 0.900, 各指标均达到了模型要求的适配标准, 表示修正后的施工单位因素的测量模型与实际数据可以契合, 施工单位因素构面的收敛效度较好。

同理, 计算出其他各个潜变量的收敛效度, 结果如表 6 - 6 所示。

表6-6 各潜变量测量模型收敛效度检验结果

变量名称	测量题项	因素负荷量	C. R. 值	模型拟合指标				
				自由度（DF）	卡方自由度比值	RMSEA	AGFI	GFI
用户因素	CM1	0.806	—	0	—	—	—	1.000
	CM2	0.881	13.398					
	CM3	0.766	12.569					
建设单位因素	PCU1	0.682	—	8	1.229	0.030	0.968	0.988
	PCU2	0.745	14.083					
	PCU3	0.786	10.552					
	PCU4	0.297	4.328					
	PCU5	0.783	10.521					
	PCU6	0.778	10.475					
监理单位因素	SU1	0.803	—	1	1.317	0.035	0.974	0.997
	SU2	0.806	11.004					
	SU3	0.705	10.321					
	SU4	0.483	6.929					
勘察设计单位因素	SDU1	0.820	—	1	0.706	0.000	0.986	0.999
	SDU2	0.879	9.676					
	SDU3	0.500	7.532					
	SDU4	0.459	6.877					
施工单位因素	CU1	0.553	—	6	2.019	0.063	0.946	0.984
	CU2	0.155	2.449					
	CU3	0.460	8.320					
	CU4	0.850	9.100					
	CU5	0.884	9.234					
	CU6	0.819	8.949					
建设工程质量	CEQ1	0.829	—	0	—	—	—	1.000
	CEQ2	0.804	12.357					
	CEQ3	0.779	12.156					

注：—为缺省值，且当自由度为0时，卡方自由度、AGFI等值没有具体数据。
资料来源：数据处理结果。

由表 6 - 6 可知，除个别测量指标的因素负荷量小于 0.5 外，其他大部分指标的因素负荷量均大于 0.5，且达到 0.05 的显著性水平，根据模型拟合指标结果可知测量模型和实际数据达到了较好的适配，因此说明各潜变量收敛效度均表现较佳。此外，对于政府及相关职能部门、供应商因素和社会组织、公众、媒体因素等测量指标在两个以下时无法计算其收敛效度，因此在表 6 - 6 中并未体现。

3. 区别效度

区别效度是指各构面所代表的潜在变量与其他构面所代表的潜在变量间的相关性较低，或者有着显著的差异存在。在 Amos 软件中，区别效度的检验一般通过建立未限制模型和限制模型，并进行两个模型的差异比较，前者是指在两个潜在变量之间建立共变关系，且对该共变关系不加以限制，因此，共变参数为自由估计参数；后者对该共变关系加以限制，共变参数确定固定参数，取值为 1。如果未限制模型和限制模型的卡方值差异量较大且达到 0.05 的显著性水平，则表示两个模型之间具有显著的差异，两个潜在变量的区别效度较高。由于政府及相关职能部门因素、社会组织、公众、媒体和供应商因素等变量观察变量的个数小于 2，不适于做区别效度分析，因此，本研究对其他处于同一层次的潜变量之间的区别效度进行检验，主要为建设单位因素与监理单位因素之间的区别效度和勘察设计单位因素和施工单位因素之间的区别效度。下面以建设单位因素和监理单位因素为例，进行潜在变量间的区别效度检验，利用 Amos17.0 软件进行计算，两个潜在变量间的共变参数设为 C，未限制模型中不限定任何参数，限制模型中两个潜在变量间的相关系数参数限定为 1，结果如图 6 - 4 所示。

图 6 - 4 模型的检验结果显示，两个潜在变量的未限制模型的自由度为 34，卡方值为 122.206，限制模型的自由度为 35，卡方值为 194.425，限制模型与未限制模型的自由度差异为 1（35 - 34），卡方值差异值为 72.219，且显著性概率值为小于 0.05，达到了 0.05 的显著性水平，表示未限制模型与限制模型两个测量模型有显著的差异，因此说明建设单位因素与监理单位因素之间的区别效度较好（见表 6 - 7）。

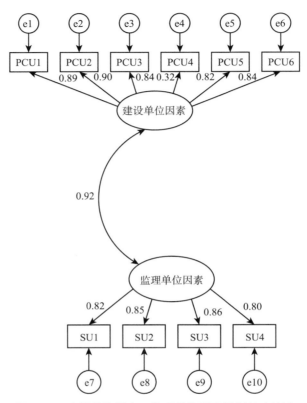

图 6 - 4 建设单位因素—监理单位因素区别效度检验

资料来源：数据处理结果。

表 6 - 7 各潜变量间的区别效度检验结果

因素分类	潜在变量	模型名称	自由度	卡方值	P 值
驱动因素	建设单位因素—监理单位因素	未限制模型	34	122.206	0.000
		限制模型	35	194.425	
		模型差异	1	72.219	
直接因素	勘察设计单位因素—施工单位	未限制模型	34	233.868	0.000
		限制模型	35	259.136	
		模型差异	1	25.268	

资料来源：数据处理结果。

由表 6 - 7 可知，驱动因素和直接因素间潜变量之间限制模型和未限制模型的卡方值相差较大，显著性概率值为 0.000，达到 0.05 的显著性水平，表示各潜变量之间的区别效度表现较好。

综上所述，通过对获取数据和相关变量的探索性因子分析和验证性因子分析得出，数据的质量和变量结构表现较好，可以进行下面的实证分析。

6.3   结构方程模型构建和假设检验

6.3.1   结构方程模型理论与方法介绍

结构方程模型（structural equation model）属于高等统计学的范畴，其同时利用因素分析法和路径分析法，检验模型中包含了观察变量、潜在变量以及误差变量间的关系，从而发现自变量对因变量的影响关系，并进一步判断各类关系的直接影响、间接影响或总影响（吴明隆，2009）。结构方程模型依据预先提出的理论假设，同时处理潜在变量的测量与分析，相对于因素分析，结构方程的优点主要体现在以下四个方面：①可以对个别测量题项测量误差进行检验，并将其从测量题项的变异量中抽离出来，达到提高因素负荷量精确度的效果；②可以根据以往研究和相关经验，将测量题项归为某一个因素，共同表示一个因素；③可以设定某些因素之间是否相关的关系；④可以对所有因素构成的整体模型进行估计，以了解所构建的模型与获取的实际数据是否契合。

结构方程模型由测量模型和结构模型两个基本模型构成，前者由潜在变量与观察变量组成，数学意义是指潜在变量是一组观察变量的线性函数。观察变量是可以利用量表或问卷等测量工具直接获得的数据和信息，而潜在变量不能被直接观察，需要由观察变量来反映，因此，此类观察变量也称为反应性指标。测量模型的概念图如图 6 - 5 所示。

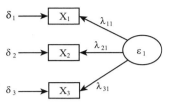

图 6 - 5　测量模型概念图

资料来源：吴明隆．结构方程模型——Amos 的操作与应用［M］．重庆：重庆大学出版社，2009。

由图 6 - 5 所示，测量模型的数学表达式如下：

$$X_1 = \lambda_1 \varepsilon_1 + \delta_1$$
$$X_2 = \lambda_2 \varepsilon_1 + \delta_2$$
$$X_3 = \lambda_3 \varepsilon_1 + \delta_3$$

结构模型主要表示各个潜在变量之间的因果关系，根据其因果关系的不同，可以将作为因的变量称为外因潜变量，将作为果的变量称为内因潜变量。在结构方程模型中，如果只有测量模型而无结构模型，则该种回归关系称为验证性因素分析；如果只有结构模型而无测量模型，则即相当于传统的路径分析，即只对潜变量之间的因果关系进行分析。一个完整的结构方程模型应当既包括测量模型，也包括结构模型，其概念图如图 6 - 6 所示。

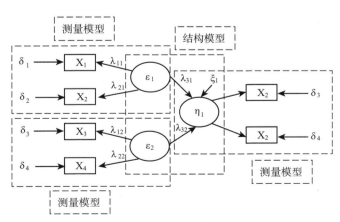

图 6 - 6　结构方程模型概念

资料来源：吴明隆．结构方程模型——Amos 的操作与应用［M］．重庆：重庆大学出版社，2009。

如图 6-6 所示，该结构方程模型由三个测量模型和一个结构模型构成，结构模型的数学表达式为：

$$\eta_1 = \lambda_{31}\varepsilon_1 + \lambda_{32}\varepsilon_2 + \xi_1$$

其中，ξ_1 为残差值。

此外，为验证结构方程模型检验结果与理论模型的契合程度，即依据理论假设构建的模型图和实际数据是否一致和相互适配，需要衡量模型适配度的检验指标。结构方程模型常用的适配度指标分为基本适配指标和整体模型适配指标，下面分别对两类适配指标进行简要阐述。

（1）模型基本适配指标。

巴格左齐和伊（Bagozzi & Yi，1988）提出在验证模型基本适配指标方面，主要有以下五点：

①估计参数中的方差不能为负，且必须显著；

②所有的误差变异值应当显著，即 t 值应当大于 1.96；

③各估计参数值之间的相关性应当显著小于 1；

④观察变量对潜在变量的因素负荷量值最好在 0.5 ~ 0.95 之间；

⑤标准误差应当较小。

模型的基本适配指标是进行模型检验的基础，当模型计算结果违反上述判定准则时应检查模型假设模型构建和数据的读入是否出现问题。

（2）整体模型适配度指标。

整体模型适配度指标是检验整体模型与实际数据是否一致的评价指标，整体模型适配检验又称为模型的外在质量的评估，在模型通过上述基本适配指标的检验后，要对模型的外在质量进行评估，其适配度指标主要有以下三类：

①绝对适配度指标。

卡方自由度比。卡方自由度比是同时考虑模型卡方值和自由度比值的适配指标，卡方自由度比值越小，说明假设模型的协方差矩阵与获取的数据之间一致性越好，反之，卡方自由度比值越大，则说明模型的适配度越差。一般而言，卡方自由度比值介于 1 ~ 3 之间认为模型的适配程度较好。

渐进残差均方和平方根（root mean square error of approximation，RMSEA）。RMSEA 将自由度考虑到了协方差矩阵中，因此在进行模型适配度考虑了模型的复杂度，被作为最重要的适配指标信息。一般而言，RMSEA 值应当小于 0.10，数值在 0.08 ~ 0.10 之间时表示模型的适配尚可，数值小于 0.08 时表示模型的适配良好。

良性适配指标（goodness-of-fit index，GFI）和调整后的良性适配指标（adjusted goodness-of-fit GFI，AGFI）。GFI 用来表示观察矩阵中的方差与协方差可被复制矩阵预测得到的量。如果 GFI 值越大，表示理论构建的复制矩阵能解释样本数据的观察矩阵的变异量越大，二者越具有较高的契合程度。而 AGFI 同时考虑了估计的参数数目和观察变量数目，为调整后的 GFI。一般而言，AGFI 的值会随着 GFI 值变大而变大，数值越接近于 1，说明模型的适配越好，且 AGFI 的值应大于 0.9。

②增值适配度指标。

增值适配度指标是一种衍生指标，也称为比较性适配指标，其将理论模型与基准线模型进行对比分析，通过检验两个模型的适配程度来判别整体模型的契合度。增值适配度指标主要包括规准适配指数（normed fit index，NFI）、相对适配指标（relative fit index，RFI）、增值适配指数（incremental fit index，IFI）和比较适配指数（comparative fit index，CFI）。一般而言，上述增值适配度指标值多介于 0 ~ 1 之间，当指标值大于 0.90 时，表示判别模型路径图和实际数据能够较好的匹配。

③简约适配度指标。

简约调整后的规准适配指数（parsimony-adjusted NFI，PNFI）。PNFI 指标把自由度数量纳入预期获得适配程度的考虑中，所以在判断模型的精简程度方面比 NFI 指标更适合，一般而言，PNFI 大于 0.50 时表示模型的适配程度是比较好的。

简约适配度指数（parsimony goodness-of-fit，PGFI）。性质与 PNFI 相似，一般而言，PGFI 值大于 0.50 时为模型可以接受的范围。

综上所述，在进行模型适配程度评价时，需要综合考虑多个指标的评估结果，但由于各个指标均是从实证或数学的观点来分析，所以并不能完全依靠指标的结果对模型进行判断，在进行模型适配检验时也并非要求所有的适配指标要符合要求，而是要通过理论和实证两个方面共同分析模型的正确性和适用性。

6.3.2　结构方程模型构建

根据上文构建的理论模型和相关假设的提出，利用 Amos17.0 软件构建了建筑工程质量影响因素的初始结构方程模型，如图 6－7 所示。

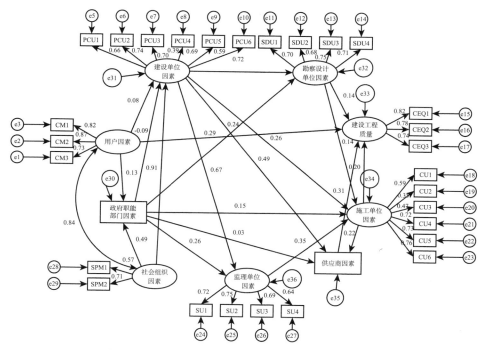

图 6－7　建筑工程质量影响因素初始结构方程模型

资料来源：作者编制。

经过计算，初始模型的适配度指标结果分别为：卡方自由度比值（CMIN/DF）为 4.019 大于 3，RMR 值为 0.043 小于 0.05，RMSEA 值为 0.076 小于 0.08，GFI 值为 0.812 小于 0.90，CFI 值为 0.854 小于 0.90，PG-FI 值为 0.674 大于 0.50，IFI 值为 0.855 小于 0.90。除指标 RMR、RMSEA、PGFI 值符合模型适配标准外，其他指标均不符合模型良好适配的标准，因此需要对模型进行进一步的修正。

6.3.3 模型修正和检验结果分析

根据吴明隆（2009）提出的模型修正的原则，首先，对路径系数不显著的变量关系进行删除，其次，依据模型修正指标（MI 值）值的大小，由大到小依次建立误差项之间的共变关系，直至模型达到良好的适配。

依据上述原则，在删除相关变量关系并建立误差项之间共变关系后得出模型拟合指标结果如表 6-8 所示。

表 6-8 修正后模型拟合指标结果

拟合指标	CMIN/DF	RMR	RMSEA	GFI	CFI	PGFI	IFI
标准值	<3	<0.05	<0.08	>0.90	>0.90	>0.50	>0.90
指标值	2.370	0.037	0.051	0.901	0.937	0.717	0.937

资料来源：数据处理结果。

由表 6-8 可知，修正后模型拟合指标结果均达到了标准要求，说明修正后的结构方程模型与实际数据能够良好的适配，修正后模型各变量之间的路径系数及显著性如表 6-9 所示。

表 6-9 建筑工程质量影响因素路径关系检验结果

变量关系	标准化路径系数	C.R.	P 值	显著性
社会组织因素→政府职能部门因素	0.600	12.379	***	非常显著
社会组织因素→建设单位因素	0.862	12.666	***	非常显著
政府职能部门因素→监理单位因素	0.256	6.106	***	非常显著
建设单位因素→监理单位因素	0.647	10.166	***	非常显著
政府职能部门因素→施工单位因素	0.138	3.055	0.002	比较显著
监理单位因素→施工单位因素	0.598	5.989	***	非常显著
建设单位因素→施工单位因素	0.164	2.281	0.023	一般显著
建设单位因素→供应商因素	0.457	7.632	***	非常显著

续表

变量关系	标准化路径系数	C. R.	P 值	显著性
施工单位因素→供应商因素	0.235	4.259	***	非常显著
用户因素→建筑工程质量	0.310	6.112	***	非常显著
政府职能部门因素→勘察设计单位因素	0.326	8.287	***	非常显著
建设单位因素→勘察设计单位因素	0.686	10.435	***	非常显著
施工单位因素→建筑工程质量	0.227	4.024	***	非常显著
供应商因素→建筑工程质量	0.360	7.802	***	非常显著

注：其中 *** 表示 P 值小于 0.001。
资料来源：作者编制。

由表 6 - 9 可知，在删除初始模型中不显著变量关系后的修正模型中，各变量间均呈现不同程度的显著影响作用，下面结合上文 6.1 节所提假设对各变量关系进行分析阐述。

1. 直接因素间关系及其对建筑工程质量的影响关系

由表 6 - 9 可知，直接因素间关系及其对建筑工程质量的影响关系主要体现为：施工单位因素对供应商因素具有显著的正向影响关系（r = 0.235，P < 0.001）；施工单位因素对建筑工程质量具有显著的正向影响关系（r = 0.227，P < 0.001）；供应商因素对建筑工程质量具有显著的正向影响关系（r = 0.360，P < 0.001）；勘察设计单位因素对施工单位和建筑工程质量均不具有显著的正向影响关系。由此说明，根据现阶段调查数据显示勘察设计单位方面对建筑工程质量的影响不大，而施工单位方面［包括施工单位资质、管理人员的专业素质、施工人员专业能力、建筑材料使用情况（包括成本控制）、分包商选择（包括招投标管理）、遵守规范施工（包括按规定工期施工）］以及供应商供应材料的质量情况等因素对建筑工程质量的直接影响作用较大，且施工单位方面的因素对供应商提供合格的材料也具有较大影响，而勘察设计单位对施工单位和建筑工程质量的影响并不太明显。这可能是因为在实践当中，随着科技进步和技术标准的完善，勘察设计单位做出的工程地质和水

文勘察比较科学完善，初步设计图和施工图设计比较安全可靠，因为政府部门在行政审批时对设计单位提供的施工图审查等外部监督越来越严格，而且设计单位要对其设计的工程施工图的质量安全实行责任终身制，他们在工程勘察和施工图设计时会进行保守设计，合理提高设计的安全系数，这样就能基本保证工程勘察方案和设计方案的质量安全，所以在现实中由于勘察设计单位提供的勘察和设计方案不合格而导致出现工程质量问题的情况比较少见；而且在问卷调查中，由于数据不可能充分完备，仅就本次调查选取的调查样本而言，基本没有出现因勘察设计单位因素对建筑工程质量发生显著影响的情况；另外，勘察设计单位一般与施工单位不直接发生联系，通常是通过建设单位与施工单位进行业务沟通，即使是在设计交底时，勘察设计单位和施工单位也是通过建设单位的组织进行关系协调。因此假设 H2、假设 H2a 和假设 H3 得到支持，假设 H1 和假设 H1a 没有得到支持。

2. 驱动因素间关系及其对直接因素的影响关系

由表 6 - 9 可知，驱动因素间关系及其对直接因素的影响关系主要体现为：建设单位因素对监理单位因素具有显著的正向影响关系（$r = 0.647$，$P < 0.001$）；监理单位因素对施工单位因素具有显著的正向影响关系（$r = 0.598$，$P < 0.001$）；建设单位对勘察设计单位因素、施工单位因素、供应商因素均具有显著的正向影响关系，路径系数分别为 0.686（$P < 0.001$）、0.164（$P < 0.05$）、0.457（$P < 0.001$）。由此说明建设单位方面诸如决策能力（包括招投标管理）、质量目标设定、合同履行情况（指建设单位自身执行合同情况）、资金供应（包括预算控制）、合同管理（指建设单位对施工方、监理方、设计方等的合同管理。包括对工期、成本、质量"铁三角"的管理）、质量保证体系等因素对各利益主体因素的提升均具有重要影响，而监理单位方面因素（监理工程师的专业能力、综合素质、责任意识、技术装备和检查质量）对施工单位方面相关因素的提升也具有重要影响，这与实践中监理单位重要的角色相符。因此假设 H4（含 H4a ~ H4d）和假设 H5 得到支持。

3. 根本因素间关系及其对驱动因素、直接因素和建筑工程质量的影响关系

由表 6 - 9 可知，根本因素之间的关系及其对其他各因素的影响关系主要体现为：社会组织、公众、媒体因素对政府职能部门因素具有显著的正向影响关系（r = 0.600，P < 0.001）；社会组织、公众、媒体因素对建设单位因素具有显著的正向影响关系（r = 0.862，P < 0.001）；政府相关职能部门对监理单位因素、施工单位因素和勘察设计单位均具有显著的正向影响，路径系数分别为 0.256（P < 0.001）、0.138（P < 0.01）、0.326（P < 0.001）；用户因素对建筑工程质量具有显著的正向影响关系（r = 0.310，P < 0.001）；而用户因素对建设单位、政府职能部门不具有显著的影响关系；政府相关职能部门对建设单位因素和供应商因素也不具有显著的影响关系。由此说明，用户因素也会在一定程度上对建筑工程质量产生影响，其主要体现在建筑项目投产后（即运营阶段）用户对工程项目的后期使用和质量维度情况；但用户难以对建设单位和政府职能部门产生影响，这可能是因为在实践中用户获取工程质量信息的能力有限，用户自身的谈判能力和市场地位较低，对建设单位难以形成有效监督，对政府部门是否履行工程质量监管职责也难以产生明显影响。而政府职能部门的监管作用主要体现在对监理单位、勘察设计单位和施工单位方面，在施工过程中政府部门对建设单位和供应商的影响作用不大，这可能是因为建设单位和供应商对建筑工程质量的影响主要停留在企业内部自主管理层面，比如建设单位，由于它是建筑项目的投资人和所有者，工程质量事关自身利益能否最大化，也对工程质量负有终身责任，它对建筑质量的关注即便是没有政府的监管也会给予工程建设最有利的条件，力图使建筑质量符合各利益方的要求，因此建设单位会基于项目带来的预期收益而在质量管理方面表现较好，而非在政府监管下才会加强建筑质量管理。而社会组织、公众、媒体因素对建设单位和政府职能部门能够具有一定的影响作用，主要是由于第三方主体监督与舆论起到了一定作用。因此假设 H6b、假设 H7b ~ d、假设 H8 等得到支持，其余假设没有得到支持。

综上所述，根据各利益相关主体间关系及其对建筑工程质量具有显著影响关系的结果分析，可得到建筑工程质量与利益相关者影响因素间关系的最终模型，如图 6 - 8 所示。

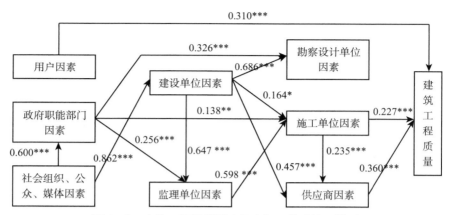

图 6 - 8　建筑工程质量影响因素假设检验结果模型

注：各因素之间的关系路径上的数值，第一个是标准化路径系数 r 值，第二个是显著性 P 值（其中，＊＊＊ 表示 P 值小于 0.001，＊＊ 表示 P 值小于 0.01，＊ 表示 P 值小于 0.05）。
资料来源：作者编制。

图 6 - 8 的最终模型是根据图 6 - 1 建立的理论模型以及由此提出的一系列研究假设，然后利用结构方程进行实证分析之后得到的，图中反映了各利益相关者因素之间及其与建筑工程质量之间存在的不同程度的影响关系。该结果模型既具有一定的理论依据，又得到了实践支持。至于图中哪些变量之间存在着显著影响关系及其作用机理，哪些变量之间不存在显著影响关系及其原因，在上面已有分析和描述，在此不再赘述。

6.4　本 章 小 结

本章在上面理论分析的基础上构建了建筑工程质量影响因素理论模型，首先，将影响因素分为根本因素、驱动因素和直接因素三个层面，各层次因素分别包含不同的利益相关者，并根据此理论模型所反映的不同利益相关者因素之间及其与建筑工程质量之间的关系提出了研究假设；其次，利用探索性因子分析和验证性因子分析对获取的数据进行了检验分析，验证了数据的可靠性和有效性；最后，利用结构方程模型理论与方法对上述理论模型进行了验证分析，结果显示各利益相关主体之间及其与建筑工程质量之间具有不同程度的影响关系。进一步阐释了建筑工程质量及利益相关者之间的作用机理，发现了影响建筑工程质量的重要因素，为实践中提高建筑工程质量水平提供了理论支持。

| 第 7 章 |

基于 SD 的建筑工程质量动态演化分析

上一章利用结构方程模型理论与方法验证了各利益相关者因素间关系及其对建筑工程质量的影响关系，鉴于建筑工程项目的持续性和复杂性，各个因素间的关系是一个动态演化的关系，即当自变量变化后，因变量会随着时间的变化而产生动态的变化，因此，有必要从动态的角度对建筑工程质量及其影响因素之间的演化关系进行分析，发现各利益相关者因素之间及其对建筑工程质量的动态演化规律。本章采用系统动力学（system dynamics）理论与方法对上述动态演化关系进行分析。

7.1 系统动力学（SD）理论与方法介绍

20 世纪 50 年代，美国麻省理工学院教授福雷斯特（Jay W. Forrester）提出了系统动力学理论（system dynamics）。系统动力学是利用各系统的结构特性要素之间的因果关系以及反馈回路来构建综合模型，然后借助计算机技术，综合运用定性分析与定量分析相结合的方法解决系统因素间的因果关系、多重反馈和时间延迟等复杂系统问题（王其藩，1994），由于其能够较好地仿真模拟复杂的社会经济系统的优点而被广泛应用。建筑工程质量作为微观层面的复杂系统具有参与主体众多、工作流程繁杂、系统环境多变等特点，利用系统动力学的理论和方法能够较好地仿真模拟建筑工程质量及其影响因素之间关系的运行与效果。

7.1.1 系统动力学的基本理论

1. 流体力学与系统动力学

古典流体力学理论是系统动力学重要的理论基础之一，流体力学主要研究流体在平衡和运动等状态时的力学规律，在工程实践中如何应用这些规律。在流体力学理论基础上，系统动力学将社会经济系统中的物质和信息比作流体力学中的流体，像流体在自然界的流动产生流一样，系统动力学将社会经济系统中物质和信息的流动用速率、积累、延迟等概念来定义。

2. 控制论与系统动力学

控制论是系统动力学另一个重要的理论基础，尤其是信息控制论，信息反馈回路为系统动力学系统流图的提出提供了借鉴。控制论将系统分为开环系统和闭环系统，其中闭环系统也称为信息反馈系统。闭环系统是一个系统的输出对输入有影响的系统，现实中存在的社会经济系统一般都是闭环系统；开环系统中系统的输出对输入没有影响，当出现扰动时开环系统无法完成对系统的控制反馈。

系统动力学借鉴信息反馈系统理念，将现实中复杂多变的系统抽象成一个闭环系统，利用数学模型将信息和数据定量化，从而达到对现实系统的模拟仿真。系统动力学根据系统内各变量间因果关系将反馈回路分为正反馈回路和负反馈回路，前者是指反馈回路中一个变量增加后，依次通过其他与之有因果关系的变量变化之后，该变量也会增加，相反，后者是指反馈回路中一个变量增加后，依次通过其他与之有因果关系的变量变化之后，该变量有一个减少的变化。

7.1.2 系统动力学的基本概念

1. 反馈

反馈是控制论中的概念，是指初始信息通过系统运行进行输出，输出的部分信息作用于控制对象后产生一定的结果，而该结果进一步返回给输入，从而对系统的再输出产生影响。系统动力学认为一般的社会经济系统都是反馈系统。

2. 动态

随着时间的变化，系统动力学中所涵盖的变量也是变化的，并且可用以时间为横坐标的线条或图像表示。系统的动态演化是系统动力理论与方法的特点。

3. 因果关系

系统动力学的系统流程图以各个变量之间的因果关系图为基础进行构建。如果一个要素的变化会引起另一个要素的变化，就称两个要素间具有因果关系，那么反映要素之间所存在的因果关系的图形就被称为因果关系图，而这些因果关系图最终就会形成一个系统流程图。

4. 水平变量

水平变量也被称为流量或者状态变量，是系统中流的积累，也就是代表事物（比如能量、物质、信息等）的积累效应的变量。水平变量的数值表示系统中某个变量在特定时刻的状态，水平变量依据速率变量发生变化，但是有无速率变量对水平变量的初始状态并没有影响。

5. 速率变量

速率代表系统中流的流动速度，反映的是系统中水平变量进行变化的强度大小。水平变量是系统活动结果的状态，速率变量表示的是水平变量的变化过程以及对水平变量的控制，其作为一个控制变量，当抑制作用不存在时，速率变量就为零。

7.2　系统动力学建模步骤

系统动力学建模步骤如图 7 - 1 所示，主要分为以下六个步骤。

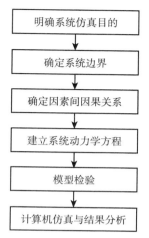

图 7 – 1　系统动力学建模步骤

资料来源：作者编制。

1. 明确系统仿真目的

在利用系统动力学进行仿真之前，应当首先明确系统仿真的目的，通过分析相关数据和资料确定所要研究的问题，从而为下面确定系统边界和仿真分析提供依据。

2. 确定系统仿真边界

由于现实中的社会经济系统往往涉及众多要素和相关主体，因此，在构建系统动力学模型之前要明确系统仿真的边界，确定系统所包含的要素，尽量将与研究问题有重要关系的概念和变量考虑到模型当中，从而使研究和分析的问题更加明晰。

3. 确定因素间因果关系

在明确系统包含要素之后，需要根据相关研究和实践经验法则确立各因素间的因果关系，进而构建因果关系图，为系统动力学中系统流图的构建奠定理论基础。

4. 建立系统动力学方程

根据上面建立的因果关系图和系统流图，利用经验法则或数学模型在各要素之间建立数学关系式，并确定关系式中各参数的数值，据此构建各变量间的系统动力学方程。

5. 模型检验

对系统动力学模型进行检验主要是对模型结构和行为与真实系统的一致性进行检验。主要包括四种检验方法，即直观检验、历史检验、运行检验和灵敏度分析。

6. 计算机仿真与结果分析

如果系统动力学模型通过了检验，就可利用计算机（仿真软件）对模型进行仿真分析，从而发现所研究系统要素间的动态演化规律，为相关问题的解决提供支持和建议。

7.3　基于 SD 的建筑工程质量动态演化分析

7.3.1　仿真目的和系统边界确定

建筑工程项目具有长期性和复杂性的特点，建筑工程质量影响因素涉及众多主体且环境复杂多变，某个主体因素的变化会导致下一时点的其他主体因素水平发生变化，上文基于利益相关者角度筛选出了对建筑工程质量具有重要影响的因素，且利用结构方程模型理论与方法分析了影响因素间关系及其对建筑工程质量的作用机理，但上述理论模型仅是从静态角度分析了变量间的关系且没有考虑各变量的反馈作用。本章利用系统动力学的理论与方法考虑了建筑工程质量系统的实践情况，在动态和反馈的基础上构建各利益相关者因素及其与建筑工程质量的系统动力学模型，进一步分析因素变化在时间上对建筑工程质量带来的变化，从而为相关主体决策提供支持。

在实践中，广义上的社会经济系统往往是一个开放的系统，如果对分析的系统不加以限定就无法准确地分析所要研究的问题，因此，在进行系统动力学仿真之前，要求对所要研究的系统边界进行确定，明确所要研究的系统所包含的要素，使得系统所包含的要素尽量全面且有意义。上文通过问卷设计和调研的方法确定了基于利益相关者角度的建筑工程质量影响因素，并利用粗糙集方法筛选出了 8 个利益相关者共包含 28 个重要影响因素，通过结构方程模型的实证分析得出各影响因素间均具有不同程度的影响关系，因此在构建系统动力学方程时将此 28 个重要影响因素考虑在内，并包含建筑工程质量的 3 个要素。

7.3.2 影响因素因果关系分析和系统流图构建

因果关系分析是分析系统内部结构和构建系统流图的基础，根据上文构建的理论模型和结构方程模型实证分析结果，来对系统中存在的主要变量间的因果关系进行分析，并据此构建建筑工程质量的系统流程图。

1. 直接因素与建筑工程质量因果关系分析

如图 7 - 2 所示，结合上文结构方程模型假设检验结果，可以发现对建筑工程质量起到直接作用的因素为施工单位因素和供应商因素，且施工单位因素还会对供应商因素产生影响。由于施工单位因素中包含的要素较多，因此根据要素的不同特征将其概况为人的因素、材料因素（建筑材料使用）和管理因素（施工单位资质和分包商选择）三类。管理人员专业素质和施工人员专业能力的提高能够提高施工单位因素中人的因素的水平，从而在施工过程中尽量避免出现质量问题，提高建筑工程质量水平；对于建筑材料的使用越严格，越能保证材料的合格性，包括避免为了控制建设成本而使用低价劣质建筑材料，从而保证建筑工程不会由于建筑材料而出现质量问题；施工单位资质、分包商选择情况和遵守规范施工是施工单位综合能力的体现，本书将其归为管理因素，施工单位资质情况越好，对分包商选择情况越合理（做好对分包商的招投标管理），越能严格按照施工图和质量技术标准施工，按照规定工期进行科学施工，说明其综合管理能力越强，在施工过程中也就越能保证工程的质量；提供材料质量情况是供应商因素方面的重要构成要素，尤其是施工单位检验不严格的情况下，如果供应商提供有质量问题的材料，将会对建筑工程质量产生重大隐患。

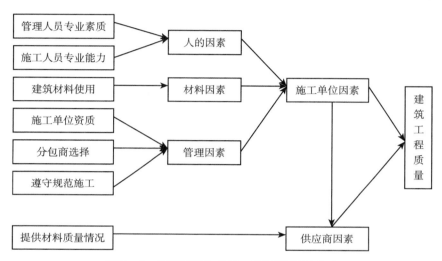

图7-2　直接因素与建筑工程质量因果关系

资料来源：作者编制。

2. 驱动因素与直接因素因果关系分析

如图7-3所示，结合上文结构方程模型假设检验结果，驱动因素与直接因素之间的因果关系主要体现为建设单位、监理单位与勘察设计单位、施工单位和供应商等主体因素之间的关系。其中建设单位因素构成要素分为执行因素和制度因素两个方面，执行因素是指建设单位在项目实施过程中对相关合同和事务的执行能力，主要包括建设单位的决策能力（如严格通过招投标选择合格的施工方、设计方、监理方等）、合同履行情况、资金供应情况（如避免因预算约束导致施工中的偷工减料问题）和合同管理能力（如加强对施工中的工期、成本和质量控制），制度因素是针对建筑工程质量制定的相关制度，包括质量目标设定和质量保证体系的制定，建设单位相关因素的提高会对勘察设计单位因素、施工单位因素、供应商因素和监理单位因素产

生积极影响。监理单位因素包括监理工程师的专业能力、综合素质、单位的
技术装备以及监督检查的质量情况等重要因素，鉴于监理单位的主体角色，
监理单位因素的影响作用主要体现为对施工单位的积极影响。

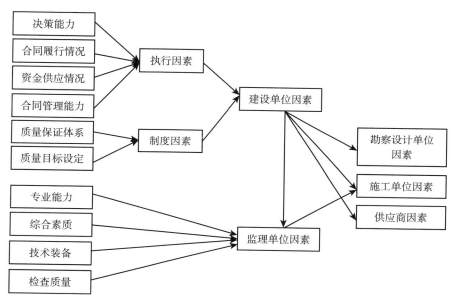

图 7 - 3   驱动因素与直接因素因果关系

资料来源：作者编制。

3. 根本因素与驱动因素因果关系分析

如图 7 - 4 所示，结合上文结构方程模型假设检验结果，根本因素与驱动
因素之间因果关系主要体现为政府职能部门因素对监理单位因素的正向影响
关系，社会组织、公众、媒体因素对建设单位因素的正向影响关系，建设单
位因素对监理单位因素的积极影响以及社会组织、公众、媒体因素对政府职
能部门的积极影响。根据筛选出的重要影响因素结果，政府职能部门影响因
素为政府相关职能部门的廉洁程度，执法官员越廉洁，对相关部门的执法越
严格，就越能够使相关主体的责任义务得到更好的落实，尤其是对建筑工程
质量负有重要监督责任的监理单位；社会组织、公众、媒体的专业水平与响
应程度等因素作为第三方主体的监督与舆论作用对建设单位和政府职能部门

也具有显著的正向影响。

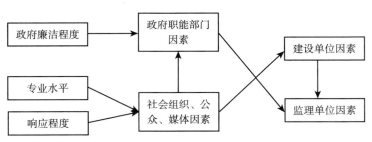

图 7 - 4   根本因素与驱动因素因果关系

资料来源：作者编制。

4. 根本因素与直接因素因果关系分析

如图 7 - 5 所示，结合上文结构方程模型假设检验结果，根本因素与直接因素的因果关系主要体现在政府职能部门因素对勘察设计单位因素和施工单位因素的影响，对勘察设计单位因素的影响主要体现为对勘察设计工作质量的监督作用，对施工单位因素的影响包括对建筑材料使用情况（可能与施工成本控制有关）、分包商选择（可能与招投标管理有关）、施工资质以及遵守规范施工情况（包括是否按照规定工期施工）等进行监管。政府的廉洁程度越高，越能促使各主体严格履行自身义务。

图 7 - 5   根本因素与直接因素因果关系

资料来源：作者编制。

5. 根本因素与建筑工程质量因果关系分析

如图 7 - 6 所示，结合上文结构方程模型假设检验结果，根本因素与建筑工程质量的因果关系主要体现在用户因素对建筑工程质量的影响。当建筑工程项目竣工验收后，会投入使用或运营，用户对建筑工程的使用情况和维护情况就开始对建筑质量产生直接影响，尤其是建筑物维护会对建筑工程质量产生直接的影响，对建筑物的维护情况越好，建筑工程在使用过程中出现质量问题的可能性越小。

图7-6　根本因素与建筑工程质量因果关系

资料来源：作者编制。

6. 建筑工程质量的反馈关系分析

如图7-7所示，建筑工程质量问题在工程实践中不仅受到各利益相关者因素的影响，反过来，建筑工程质量问题也会对各利益相关者的行为产生反馈作用，本书提取的建筑工程质量问题主要表现在建筑工程质量问题出现的频率、因质量问题被处罚的频率以及因质量问题造成损失的程度，此类质量问题会分别对政府职能部门、社会组织、公众、媒体、建设单位和施工单位等主体的行为因素产生影响，从而影响各主体对各自的行为决策进行改变，以提高在下一时点的建筑工程质量水平。

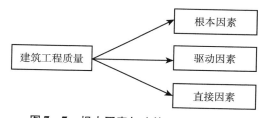

图7-7　根本因素与建筑工程质量关系

资料来源：作者编制。

综上所述，根据上文阐述的各变量之间的因果关系，利用 Vensim 软件构建了建筑工程质量的系统流，如图7-8所示。

图 7-8 中反映了存在因果关系的各利益相关者因素之间以及与建筑工程质量之间的相互作用机制。在图中，有的利益相关者因素直接用代表其质量管理能力的具体指标因素（即建筑工程质量的 28 个重要影响因素中的某些因素）来反映，因此没有直接以利益相关者的形式出现在系统流中。另外，对于工程实践中人们比较关心的工期、成本、质量（铁三角）问题以及招投标管理问题，本书分别以各利益相关者的相关要素给予了反映，其中，工期管理在建设单位的合同管理因素和施工单位的遵守规范施工因素中反映，成本预算管理在建设单位的资金供应因素和施工单位的建筑材料应用情况因素中反映，招投标管理在建设单位的决策能力因素和施工单位的分包商选择因素中反映。

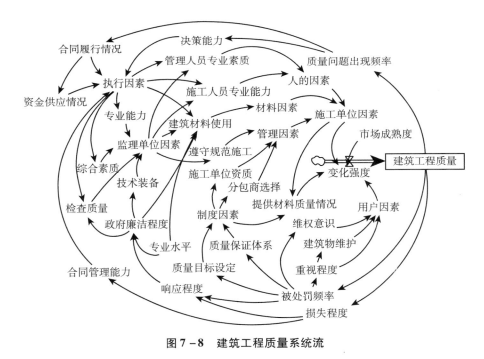

图 7-8 建筑工程质量系统流

资料来源：作者编制。

其中，建筑工程质量为水平变量，是系统动力学的主要研究对象，是指在其他各因素影响下建筑工程的质量水平，它会随着时间的变化而积累；变化强度为速率变量，是指建筑工程质量在单位时间内随其他影响因素变化而变化的程度；其他基于利益相关者的影响因素为辅助变量，各辅助变量的变化导致系统整体的动态演化。

此外，为了分析建筑市场中利益相关者之间对建筑工程质量的保障程度给建筑工程质量带来的影响，我们添加市场成熟度作为调节变量，用以分析在不同市场保障程度下建筑工程质量的变化程度。

7.3.3 模型参数确定

模型参数确定主要是指对水平变量、速率变量、辅助变量等变量以及各变量间关系等参数的估计与确定，从而建立整体模型的系统动力学方程。

目前系统动力学中常用的参数估计方法包括历史调查法、专家咨询法、数据分析法和表函数法等，对于具有历史数据或年鉴数据的问题常采用历史调查法和数据分析法，而对于一些数据不全且变量之间关系不明确的问题常采用专家咨询法和表函数法。由于本研究研究问题缺少历史统计数据，且变量关系并不确定，因此在模型参数估计时一方面结合上文结构方程分析的结果确定部分变量关系，另一方面也采取专家咨询法对结构方程中没有得出的变量关系进行参数估计。最终得出各变量及其关系的参数值，并建立系统动力学方程，如表 7 − 1 所示。

表 7 − 1 　　　　　　　　　　主要参数及系统动力学方程

变量类型	因变量	系统动力学方程
辅助变量	施工单位因素	人的因素 + 材料因素 + 管理因素
	人的因素	0.671 × 管理人员专业素质 + 0.338 × 施工人员专业能力
	材料因素	0.461 × 建筑材料使用
	管理因素	0.726 × 施工单位资质 + 0.735 × 分包商选择 + 0.767 × 遵守规范施工
	监理单位因素	0.705 × 专业能力 + 0.749 × 综合素质 + 0.686 × 技术装备 + 0.652 × 检查质量

续表

变量类型	因变量	系统动力学方程
辅助变量	执行因素	$0.664 \times$ 决策能力 $+0.747 \times$ 合同履行情况 $+0.726 \times$ 合同管理能力 $+0.459 \times$ 资金供应情况
	制度因素	$0.621 \times$ 质量保证体系 $+0.727 \times$ 质量目标设定
	建筑材料使用	$0.862 \times$ 专业水平 $+0.164 \times$ 执行因素 $+0.138 \times$ 政府廉洁程度 $+0.598 \times$ 监理单位因素
	提供材料状况	$0.457 \times$ 制度因素 $+0.235 \times$ 施工单位因素
	用户因素	$0.811 \times$ 重视程度 $+0.856 \times$ 维权意识 $+0.736 \times$ 建筑物维护
	检查质量	$0.647 \times$ 执行因素 $+0.256 \times$ 政府廉洁程度
速率变量	变化强度	市场成熟度 $\times (0.360 \times$ 提供材料质量情况 $+0.227 \times$ 施工单位因素 $+0.310 \times$ 用户因素)
水平变量	建筑工程质量	初始值：4.28

注：水平变量初始值为问卷中对应数据的平均值。
资料来源：数据处理结果。

7.3.4 模型仿真与结果分析

在进行计算机仿真分析之前，必须先对已经建立的系统动力学模型进行检验，一个是真实性检验，另一个是系统运行检验。前者主要是对上文构建的系统动力学模型进行直观分析，验证其变量定义、变量间因果关系的正确性和合理性；后者是利用系统动力学仿真软件 Vensim 软件进行检验，通过"check model"功能对模型是否能够顺利运行进行检验，运行中止时对模型进行修正完善。当通过上述检验后，就可对模型进行仿真。

根据一般建筑工程项目的特点，一个单项工程项目往往需要半年至 1 年以上的实施周期，因此，仿真的周期设置为 1 年，步长为 1 个月。初始运行时将市场成熟度设为 0.6，运行后得出建筑工程质量和各利益相关者因素的变化情况，如图 7-9 所示。其中，横坐标表示时间（月），纵坐标表示建筑工程质量水平和各个利益相关者因素水平的数值。

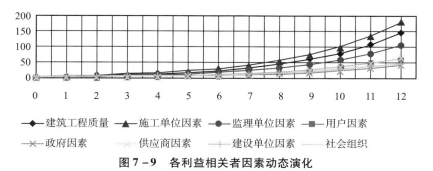

图 7 - 9　各利益相关者因素动态演化

资料来源：系统动力学仿真结果。

　　由图 7 - 9 可知，建筑工程质量水平和各利益相关者因素水平随着系统仿真时间的增加均得到不同程度的增加，说明该系统为一个正反馈系统，即当某个因素水平发生增加时会带动输出增加，最终导致该输入持续增加。此外，各变量增加速率由大到小依次为施工单位因素、建筑工程质量变量、监理单位因素、建设单位因素、供应商因素、用户因素、社会组织、公众、媒体因素和政府职能部门因素，说明在整个系统中施工单位、建筑工程质量自身、监理单位等对系统因素的变化较为敏感，当某个因素变化时较易发生变化。其次为建设单位因素和供应商因素，这也与施工单位和监理单位在建筑工程项目实施过程中的重要作用相符。因此，在建立建筑工程质量保障机制，提高各利益相关者因素水平以及提高建筑工程质量时应当考虑施工单位、监理单位、建设单位和供应商等主要利益相关者的重要角色，从而切实有效地改善相关主体的质量因素水平。

　　为进一步分析市场成熟度（即市场中各利益相关主体对建筑工程质量的保障程度）对建筑工程质量目标的影响程度，通过调节市场成熟度变量的数值得出建筑工程质量变量在一年的周期内的动态演化结果，如图 7 - 10 所示。其中标号为"1"的曲线代表市场成熟度为 0.6 时的建筑工程质量变化情况，标号为"2"的曲线代表市场成熟度为 0.9 时的建筑工程质量变化情况。其中，横坐标表示时间（月），纵坐标表示建筑工程质量水平的数值。

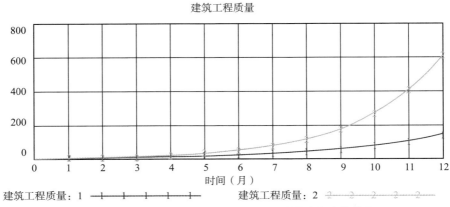

图 7 – 10 市场成熟度变化时建筑工程质量动态演化结果

资料来源：系统动力学仿真结果。

由图 7 – 10 可知，当市场成熟度的数值由 0.6 变化到 0.9 时，对比标号为 "1" 的曲线和标号为 "2" 曲线可以看出，建筑工程质量变量值的变化程度发生了显著变化，尤其是在运行 6 个步长以后，市场成熟度为 0.9 时的建筑工程质量的变化程度显著的提高（曲线变得陡峭），由此可知，市场成熟度的变化能够显著影响建筑工程质量的提高，且由于相关制度和市场行为的延迟性，约在半年以后才会对建筑工程质量产生显著的效果。因此，在提升建筑工程质量目标时，除各主体针对自身情况提出改善措施外，还应当注重对整体市场保障机制的建立，以提高市场的成熟度，从制度方面规范各主体的行为，最终达到提升建筑工程质量的目标。

7.4 本 章 小 结

本章主要利用系统动力学的理论与方法对建筑工程质量及利益相关者因素进行了动态仿真分析。首先，在相关文献和上文实证分析的基础上分析了各变量间的因果关系，构建了系统动力学流程图；其次，在结构方程分析结果的基础上，利用专家咨询法确定了相关参数，建立了系统动力学方程；最后，从各变量动态演化情况和市场成熟度变化对建筑工程质量的影响情况等两个方面对仿真结果进行了分析，指出考虑动态情况时施工单位和监理单位等主体在建筑工程项目实施过程中以及质量管理中的重要性，以及从利益相关者关系整体上来建立建筑工程质量保障机制的必要性。

基于利益相关者的建筑工程
质量保障机制设计

建筑工程质量的管理与控制强调利益相关者之间通过实现信息共享、建立有效的信息传递机制，来协调彼此在工程建设中的质量行为，形成共同对工程建设的质量目标负责的利益共同体。因此，将建筑工程质量管理纳入利益相关者的视野中，加强这些参与工程建设的利益相关者之间的相互监督和制约，通过多元治理机制的共同作用来保障建筑工程质量，在实践中具有较强的实用价值。

经过前文对建筑工程质量利益相关者的界定及其质量管理责任的理论分析和对基于利益相关者的建筑工程质量影响因素的识别与重要因素的筛选，将这些因素分为根本因素、驱动因素和直接因素三类，利用结构方程模型对这些因素内部间的关系、相互间的关系以及对建筑工程质量的影响进行了实证分析，研究了不同利益相关者的有关因素对工程质量的作用机理。然后，利用系统动力学理论对利益相关者有关因素之间以及这些因素与工程质量之间的因果关系进行了分析，构建了建筑工程质量与利益相关者影响因素之间的系统流程图，同时利用动态演化分析的方式对诸多利益相关者因素及建筑工程质量的关系进行了分析，进一步揭示了利益相关者的有关行为与工程质量之间的内在关系机理。在此基础上，本章从利益相关者视角建立建筑工程质量保障机制。

8.1 利益相关者视角下建筑工程质量保障机制的内容

要想使建筑工程质量得到切实保障，需要在政府相关工程建设与工程质量管理法律法规的监管下，将参与工程建设的各个利益相关者的自身利益与整体利益相结合，形成稳定的纽带关系。这种纽带关系不是简单地依靠契约就能解决的，而是需要各参与主体在政府监管与保障机制、全生命周期监管机制、信息传递机制、溯源机制、合同激励与约束机制、多方联动机制以及利益协调与分配机制等多元化的保障机制作用下才能逐步形成。

8.1.1 政府法律层面的质量监管与保障机制

政府制定的政策、法律法规、技术规范和标准等构成了企业生存发展的宏观环境，政府对企业进行经济调控、法律监管和行政执法，给企业的经营行为起到规范约束作用，使不同企业获得一个相同的法制环境和市场环境。在企业产品质量管理中，由于存在严重的信息不对称性，消费者对企业的质量行为难以形成有效制约，企业之间的竞争关系也很难完全促使企业自主改进产品质量，所以必须发挥政府在产品质量监督管理过程中的主导地位。

8.1.2 全生命周期质量监管机制

在产品的整个生命周期过程中不断加强和完善对其质量的控制就是全生命周期质量监管机制。从产品设计、材料采购、加工制造、销售、使用到售后服务等全过程，运用全面质量管理理念，对每个环节、每个阶段、每个参与主体都要加强质量管理，并加强不同阶段之间的协调和不同参与主体之间的分工与合作。

8.1.3 质量信息传递保障机制

建立准确及时的信息传递机制，有利于做好产品质量的预警分析，使供应链上的各参与企业能够及时分享与产品质量有关的信息，这样既可以及时调整自己的质量行为，又能与上下游的其他企业协同采取质量改进措施。建立信息传递机制需要做好源头数据信息的采集和记录，然后利用一定的渠道和平台把信息分享给其他相关组织，使质量信息沟通畅通无阻。

8.1.4 质量责任溯源机制

工程建设领域的质量事故发生较为频繁，与质量责任的承担和落实不到位有关。只有让对工程质量负有责任的各参与方都能承担起应有的责任，才能唤起他们的质量意识和质量责任心，使他们不敢在工程建设中违规施工、偷工减料或盲目赶超工期等。因此，应当建立质量责任溯源机制，只要发生了质量事故，就要从源头上查找原因，落实责任主体，对于造成严重后果的要承担刑事责任。

8.1.5 合同激励与约束机制

在工程建设中，很多利益相关者之间都是委托代理下的合同关系，合同是他们之间彼此约束的依据。如果在合同中能够明确地界定甲乙双方的权利、责任与义务，就能够让双方都按照对方预期的目标发展，最终达成双赢的效果。这有赖于合同中设计的激励和约束条款，通过正面激励和负面惩罚手段，鼓励正当行为，抑制不当行为。

8.1.6 质量管理多方联动机制

工程建设具有环节多、参与主体多的特点，不同阶段的利益相关者共同构成了一个全供应链系统关系。在系统中每个企业都是一个相对独立的主体，也会与上下游的其他企业发生输入和输出联系。每个企业都在为质量形成做贡献，同时又会对下游的质量产生影响，从而形成了一个质量链条，每个参与企业都是质量链上的一个节点。所以，要想从整体上解决工程质量问题，必须对质量链上的每个节点企业进行管控，而不同企业之间还得加强业务沟通，以协调彼此的行动。通过这种多方联动机制，共同保证工程质量。

8.1.7 利益协调与分配机制

利益是各利益相关者参与工程项目合作的主要动因，如果各利益相关者没有从工程项目中获得合理的利益分配，就无法使自己或其他主体满意，就会对建筑工程质量造成负面影响。建筑工程项目具有一定的复杂性和风险性，参与的主体多，利益关系复杂，因此组织结构更加复杂，如何协调各利益相关者的利益分配，对工程质量乃至项目成功都至关重要，因为公平、合理的利益分配机制会令各方满意，进而实现共赢，最终促使各个利益主体在工程质量目标上采取积极配合和相互一致的行动。

8.2 利益相关者视角下的建筑工程质量保障机制设计

通过第 6 章基于利益相关者视角对影响建筑工程质量的因素进行结构方程分析和第 7 章运用系统动力学对建筑工程质量与利益相关者因素相互关系进行动态演化分析得出的相关研究结论，本研究提出了如下质量保障机制，期望对工程建设实践领域如何促进和提高建筑工程质量提供管理措施上的建议。

8.2.1 完善政府部门对建筑工程质量的法律监管与保障机制

建筑工程质量关系到人们的生命和财产安全，关系到社会的长治久安，关系到社会生产的可持续发展。为此，政府会站在社会公共利益的立场上，对建筑工程质量表现出极大的关注度。因为建筑质量事故的发生将会进一步对安全和环境保护产生不利影响，甚至导致一些社会风险，这就会使政府必然在法律层面上加强对建筑工程质量的监督管理。

目前，我国已建立起相对完善的建筑工程管理以及质量管理等方面的法律、法规或规章、标准等，如《建筑法》《合同法》《招投标法》《建设工质量管理条例》《建设工程安全生产管理条例》《建筑业企业资质管理规定》《建筑工程施工质量验收统一标准》《建筑工程施工许可管理办法》《房屋建筑工程和市政基础设施工程竣工验收暂行规定》《建设工程监理规范》《混凝土结构工程施工质量验收规范》等。但是政府在工程建设方面的行政监督和法律监督还尚存不足。建筑工程项目涉及的利益相关者众多，各方的利益目标各异，关系错综复杂。各相关方在参与工程建设过程中为追求自身利益最大化，经常会发生寻租行为和隧道行为，极易产生工程腐败问题，从而给工程质量留下隐患，给国家和社会造成生命财产损失。因此，要加大政府对工程建设和工程质量的法律监督责任和行政执法力度，监督施工方做到严格按照法律规定进行工程建设，使工程建设的各参与主体必须依法行事，保证工程质量达到规定目标和标准。

当前我国在工程建设领域，许多质量安全事故的发生皆与政府部门的监管责任不到位有关。如对不符合立项条件的项目批准投资建设，对不符合开工条件的建设单位颁发开工许可证，对不符合安全生产条件的施工单位颁发资质证书，对工程建设招投标领域的不正当行为监管不力，对层层转包分包行为未加合理约束，对工程监理不当行为监管不力，在施工期间对施工单位贯彻质量技术和方法以及使其遵守质量标准不做违法行为未尽到监管责任，对不合规的工程项目给予验收通过，对未经验收便投入运营的工程项目未加惩罚处理，等等。这可能与政府部门的工程质量监管意识不强、质量监管能力不足、执法检查不到位等因素有关，但很大程度上与政府的廉洁程度有关。因为上述问题的发生，主要源于有关政府部门中存在的个别"懒政"和腐败现象。因此，社会公众和媒体作为独立的第三方，应发挥信息优势和舆论监督作用，对政府的监管责任进行督促，使政府作为政策制度的制定者、执法检查的执行者在保证建筑工程质量工作中"有所作为"。

保证建设工程项目的使用安全和环境质量是政府相关职能部门对建筑工程项目质量监督管理的主要目的，相关的法律、法规以及工程建设强制性标准是监管的主要依据，政府部门认可的质量监督机构强制监督是监管的主要方式，地基基础、主体结构、环境质量以及与此相关的工程建设各方主体所采取的质量行为是质量监管的主要内容，发放施工许可制度以及竣工验收备案制度是监管的主要手段。

根据前文对基于利益相关者视角的影响建筑工程质量的相关因素的实证分析结果,应重点加强政府部门对勘察设计单位、施工单位以及监理单位的监督管理。因此,政府有关部门应该对勘察设计单位提供的施工设计图、设计文件进行严格审查,委派工程质量监督机构到施工现场对施工单位的施工技术和工艺、施工质量水平和工程实体质量进行检查,委派工程质量检测机构对预制构件、混凝土等材料质量进行检测,对监理单位是否按照法律法规和强制性质量标准以及设计文件、合同文件的规定和要求对施工企业和建筑工程履行监理职责进行监督指导,等等。尽管本书的实证分析结果表明,政府部门对建设单位质量行为的影响作用不大,这可能是因为建设单位对建筑工程质量的影响主要在于企业内部管理层面,即使政府不对建设单位进行及时、严格的监管,建设单位基于自身经济利益的考虑,也会主动积极地对施工单位加强监管。但是,在某些建筑工程项目管理的法律法规中,还是规定了建设单位在项目建设程序上必须合法,对招投标管理必须规范,工程验收要遵守有关程序和质量标准,对建筑工程质量要承担终身责任,等等。这些都是保证工程质量的基本前提和条件。

8.2.2 建立基于全生命周期的建筑工程质量监管机制

在建筑工程全生命周期中实施全面质量监管以及进行工程质量链条不间断管理,进一步实现对工程质量无空白和无缝隙的监管,从而完成建筑工程质量的终极目标,这是对建设工程质量进行全生命周期监管的主要任务。需要每一位责任主体(利益相关者)以系统的、全生命周期的视角来掌控和监管建筑工程质量,也就是说每一责任主体除了要对自身范围内完成的质量进行监管和负责之外,还要对位于上下游的其他相关主体的建设活动及转移过来的建筑质量进行严格管控。

监管建筑工程质量的主体是由建设方、施工企业、勘察设计院、供应商、监理公司、政府部门、社会组织及公众和媒体、用户等各部分形成的全面综合的建筑工程质量监管体系。从全生命周期对建筑工程进行质量监管,其目标就是从工程项目的决策、立项开始一直到设计规定的项目使用年限终止,必须全过程执行质量监管制度,即有关参与主体要分别在项目的投资决策、工程勘察、施工图设计与审核、施工建造、工程竣工验收和投入使用等每个阶段展开全过程、全环节的质量监管行动，从而为建筑工程质量构建全生命周期范围内的、全方位的监管机制。

在工程项目的全生命周期中，参与质量形成的主体众多，每一主体在不同建设阶段都对建筑工程负有不同程度的质量责任，为此我国有关学者借鉴了其他发达国家和地区的成功经验，在工程质量监管方面创建了一个"五环"模型（如图8-1所示）。但是"五环"模型存在一些缺陷，因为此模型只是描述了对建筑质量承担监管责任的各个主体，而没有阐述各监管主体具体承担的质量责任是什么，且没有考虑到社会监管主体的作用，这些瑕疵都与建筑工程质量需要进行全过程、全方位管理的原则相背离。

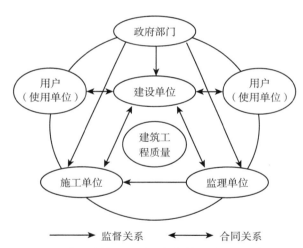

图8-1 我国建筑工程质量监督管理的"五环"模式

资料来源：韩国波．基于全寿命周期的建筑工程质量监管模式及方法研究［D］．徐州：中国矿业大学，2013。

因此，本书借鉴相关文献的研究成果，基于建筑工程全生命周期视角，构建了能够对建筑工程质量进行系统监管的"三环"模式，具体情况如图8-2所示。

根据图8-2所示，可以对建筑工程全生命周期质量监管的相关主体进行分析。

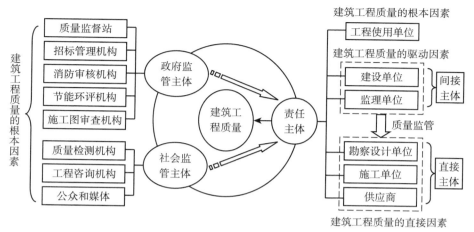

图 8 - 2　基于全生命周期的建筑工程质量监管主体"三环"模式

资料来源：根据刘佳鑫、谢吉勇《基于全寿命周期的建筑工程质量监管模式研究》（2015）等文献并结合自己的观点编制。

（1）对建筑工程质量进行全生命周期监管的相关责任主体。我国《建筑工程质量管理条例》规定，五大单位（指建设单位、施工单位、勘察单位和设计单位以及监理单位等）依法对建筑工程的质量负责，俨然形成了建筑工程质量监管的五大责任主体。此外，建筑材料和设备供应商对建筑工程质量监管亦发挥着巨大作用。其中，施工单位、勘察与设计单位、供应商分别对项目施工的质量、工程勘察与设计的质量、设备和材料的质量等承担直接责任，故称其为直接责任主体（前文把三者称为对建筑工程质量形成直接影响的因素，即直接因素）；而建设方和监理部门对建筑质量负间接责任，故称两者为间接责任主体（前文把建设单位、监理单位称为驱动因素，即它们不会对建筑工程质量产生直接影响但会对直接因素产生影响）。根据建筑行业的有关法律法规、工程质量标准和技术规范以及各方签署的合同，间接责任主体应对直接责任主体在工程建设中的活动进行监管。但是，建设单位主要是通过监理单位对建筑工程质量实施监管。另外，建筑工程质量全生命周期的责任主体还包括用户（工程使用单位）。用户是工程投产后的用户，用户对工程质量目标的要求越高，维权意识越强，建设单位和施工单位就会越重视对质量目标和责任的落实，更加主动地遵守工程建设和施工制度以及质量制度。用户的质量意识和维权意识对政府的质量监管职责也起到一定督导作用。但在进行结构方程实证分析后，其结果表明在实践中用户对建设单位和政府部门难以产生影响。但用户在对建筑工程进行使用时的使用情况和维护情况对建筑工程质量却有明显影响。

（2）对建筑工程进行全生命周期质量监管的政府主体。在目前阶段，建设行业的各级政府主管部门以及由其委托或授权的各级工程质量监督管理机构（质监站）等构成了政府监管主体。

（3）建筑工程全生命周期质量的社会监管主体。现阶段，在社会监管主体中除了监理单位之外，还包括工程咨询机构、保险机构、工程质量检测机构、社会公众与媒体等。其中，工程咨询机构是具有独立法人资格的企业或事业单位，主要开展工程项目咨询服务，具体范围涉及项目规划与咨询、项目建议书（含投资机会分析和预可行性研究）和可行性研究报告的编制以及项目申请报告和资金申请报告的编制、评估咨询、工程设计、招标代理、工程监理（设备监理）、工程项目管理等。保险机构则利用是否接受投保、确定保险金额、保险理赔条款等措施，间接对工程质量形成第三方约束。工程质量检测机构受相关单位的委托，依据国家有关法律、法规、技术规范和工程建设强制性标准，对施工的相关建设工程材料、构配件、设备及工程实体质量、使用功能等进行见证取样检测或者对涉及建筑结构安全的项目进行抽样检测，对其检测数据及检测报告负责，确保其真实性、准确性。社会公众和媒体利用自己掌握的信息，站在维护社会公共利益的角度，通过对政府部门在工程质量监管中的执法行为以及通过对建设单位在工程建设各阶段履行行政审批手续、招投标管理、遵守建设流程、项目质量管理制度、合同履行情况等方面的问题进行舆论监督，间接对工程质量发挥作用。

前文把政府监管主体、社会监管主体和用户责任主体统称为影响建筑工程质量的根本因素。根本因素是导致建筑工程质量问题的最本质的原因，属于社会环境和政府制度等层面的因素。

然而，在建筑工程质量的监管方面，目前还存在着一些问题，具体分析如下：

首先，需要进一步完善有关立法机制和改进监管机构体制，以加强工程质量监管。相对来说，通过多年的改革实践，工程建设方面的立法已经趋向于完善。然而在目前的建筑市场中，仍然存在着许多不规范的招投标行为、转分包行为和施工行为等。在实践当中，一些施工企业或建设单位为了节约建造成本，不惜以牺牲工程质量为代价，这就会造成工程质量事故的频繁发生。而如果从项目的全生命周期来看，还可能会因为需要不断进行维修而提高后续的使用成本，导致出现物差价贵的怪象。为此，各级建设行政主管部门应采取有效措施或出台有针对性的地方行政规章来监管本地区内发生的工程质量问题。

其次，建筑质量监管部门对工程质量实行全生命周期监管的意识淡薄，且有效沟通不足。建筑工程项目一个完整的生命周期包括五个阶段：立项决策阶段、前期准备阶段、建造施工阶段、竣工验收阶段和运营维护阶段等。目前，建筑工程质量的监管工作主要包括项目规划与工程设计的审查审核、施工许可证的办理、工程招投标过程、现场施工质量和竣工验收等方面，具体由建设行业的政府主管部门、工程监理单位、工程质量检测机构以及各级质监站等组织承担。其中，政府主管职能部门主要是在建设项目的前期准备、施工过程和竣工验收等阶段履行质量监督管理责任，而对于建筑项目的立项决策阶段和后期的运营维护阶段仍然缺乏相应的监管部门与之配套。即使在前期准备阶段和施工阶段，各个行政主管部门彼此之间在内部业务管理上也缺少有效沟通。

最后，与建筑工程质量相关的信息没有在全生命周期内进行充分有效的公开与分享。在建筑工程质量的管理与控制过程中，基于种种原因，导致各个利益相关者之间以及各个质量监督机构之间不能对有关质量信息进行共享，从而造成彼此之间不能围绕工程质量进行协同工作。并且，对质量形成的全过程缺乏系统的认识，在工程质量链的关键节点也缺少有效监控，往往事后才采取质量控制措施，但已是"亡羊补牢，为时已晚"。考虑到建筑项目实施过程具有不可逆性和复杂性，从建筑项目全生命周期的质量监管来看，监管的重点应该以预先识别质量危险源为主，也就是从事前和事中实现工程项目的质量控制，同时对于发现的质量隐患信息，各个监管主体和责任主体之间也应能够充分共享。

由此可见，责任链条出现的不连贯现象是目前我国建筑工程项目质量监管存在的重要问题。在项目的决策、设计、施工、验收、运营等五个阶段中，负责质量监管的组织通常是若干不同的主体，而且有部分责任主体在项目实施期间逐渐退出了质量监管行列，看起来似乎各个主体都承担了一定的质量责任，但各责任主体对彼此具体承担的相关质量责任又不够明确，认为自己可能不用承担项目全生命周期的质量责任，有时彼此间甚至相互推诿责任，使得本应对建筑工程负有质量责任的利益相关者也彼此推诿责任。为此，必须构筑建筑工程项目全生命周期的质量监管机制（参见图8-3）。

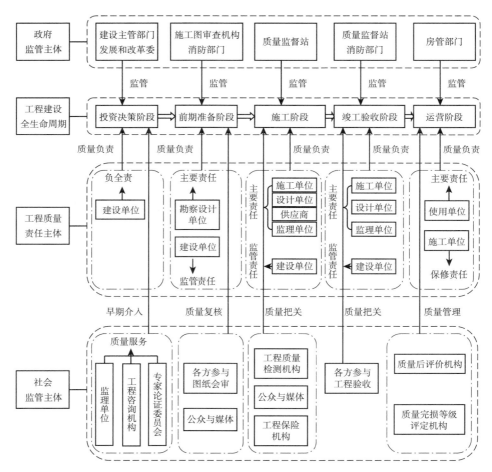

图8-3 基于全生命周期的建筑工程质量监管机制的主体框架

资料来源：根据韩国波、高全臣《基于全寿命周期的建筑工程质量"三环"监管模式构建》（2014）等文献并结合自己的观点和前期研究编制而成。

从全生命周期对建筑工程项目进行质量监管，除了变革质量监管的内容之外，更要转变质量监管的核心理念。因此，必须对现行的建筑工程质量监管模式大力实施革新，形成一种各监管职能部门对建筑工程质量进行动态控制、各负其责、信息共享和协同工作的局面。事实表明，对建筑工程项目进行全生命周期的质量监管，必须遵循建筑工程质量形成的过程特性和演变规律，运用局部分阶段和整体全周期的思想加强对建筑工程质量的全面监管。

如图 8-3 所示，在这一全生命周期的质量监管系统中：①建设单位主要负责建筑工程项目立项阶段的质量，项目监理单位和工程咨询机构可以在早期阶段参与质量管理和提出建议，而对建筑工程项目立项阶段的质量监督则需要由国家相关部门来承担。②由勘察设计单位对建筑工程项目在工程勘察设计阶段的质量承担主要责任，建设单位负责监管职能，主要利益相关方共同参与项目的图纸会审，并发挥质量复核作用，由施工图审查机构对项目勘察设计阶段提出的有关勘察设计文件实施监督管理。③由施工单位和监理单位等对建筑工程项目施工阶段（包括竣工验收阶段）的质量承担主要责任，而建设单位在此阶段负监管责任，对项目的施工质量由质量监督站实行监督管理，对建筑试块及材料性能等由工程质量检测机构进行把关；如果施工单位参加了工程保险，保险机构则会对建筑工程的施工质量和工程实体质量进行社会监督，由于保险机构会对因不合法施工造成的质量安全事故不予理赔，因而会促使施工企业必须按照规定合法施工，从而保证工程质量；另外社会公众和媒体也会通过各种渠道对工程质量进行舆论监督。④建筑工程项目在使用（运营）阶段的质量则主要由使用单位承担质量责任，如果在建筑工程项目的质保期内出现质量问题，施工单位可负保修责任，而对房屋质量的完损等级则由房屋安全鉴定机构进行评定，同时在建筑工程项目交付使用一段时间后由质量评价机构实施质量评价；对于民用建筑由物业管理公司负责相关质量管理工作，房管局对产权产籍等实行登记管理。

根据以上分析，本书构建了建筑工程项目全生命周期的质量监管机制，其基本框架如图 8-3 所示。

8.2.3 建立工程质量信息传递保障机制

在建筑工程项目中，各个利益相关者在项目全生命周期里对建筑工程项目进行决策和管理时，需要以一定的信息为依据，例如在建筑工程项目立项阶段，建设单位需要考虑的问题包括市场需求、项目投资额和收益分析等，在施工阶段，施工进度、成本控制、质量管理等信息的准确性在一定程度上直接降低项目决策的科学性，从而对项目质量造成巨大影响。因此，保证建筑工程项目全生命周期中信息的准确性和传递的及时性是工程质量控制中的重要方法之一。为此，要尽可能完善建筑工程项目信息在项目的全生命周期范围内对各个参与主体间的有效共享。在建筑工程项目质量监管中，许多监管主体在实施监管时，重复监管、交叉监管等现象频发，为保证监管过程中多个责任主体和工程质量监督机构能够彼此之间协同工作，就需要保障相关信息能够共享，对建筑工程项目质量形成全过程的系统的认识，有效避免重复检测等带来的工期延误，同时也能避免对质量链上关键环节的漏检，避免质量监管失职导致工程质量不能有效控制的重大事故发生。

首先，在各利益相关者企业内部建立工程建设与工程质量信息的沟通和交流渠道。比如，施工单位要在公司、分公司、项目部、公司质量管理部门、质量员之间以及项目部之间不断进行工程质量信息沟通，以便遇到质量问题时能够协同管理。

其次，各参与主体之间要及时进行信息沟通。比如，建设单位与勘察设计单位之间要就设计图和施工图进行充分沟通，这样设计单位才可以更好地了解建设单位的建设意图以及质量目标，建设单位也可以了解设计单位的资质和设计能力，并从设计图和施工图中获知工程建设的具体方案，然后组织施工单位和监理单位进行设计交底工作，使施工单位严格按照设计图和施工图组织工程施工，而监理单位也获得了进行工程监理的合法依据；建设单位与施工单位要就工程建设的进度、成本预算、质量控制等进行沟通，保证施工单位了解建设单位提出的质量目标，能够对建筑工程项目的施工过程进行合理范围内的质量控制，施工单位在施工过程中如果施工方案变更、变更合同承包内容和出现重大工程质量事故时，应及时与建设单位沟通，以做好应对之策；施工企业内部以及总承包商与各分包商之间要做好施工技术交底工作，使施工人员对建筑工程项目的特点、技术质量要求、施工工艺和安全措施等方面有一个较全面的了解，以便于施工人员科学地组织施工，避免产生技术失误和工程质量缺陷等事故；建设单位与监理单位之间要就监理的有关事项进行沟通，保证监理单位按照监理合同严格执行监理任务，使工程施工和质量目标符合建设单位的预期，而监理单位要定期向建设单位汇报工程施工进度、安全和质量等方面的信息，以遇到问题可以及时采取措施；建设单位、建筑材料和设备供应商三者之间也应该就材料供应的时间、数量和质量问题进行交流。另外，社会公众和媒体也利用各种渠道获得建筑工程质量信息，以便及时向政府部门举报或督促政府部门采取有力措施，利用工程质量检测机构和质量监督站对施工单位的施工情况进行监督检查，以预防质量事故发生。

在工程建设领域，由于存在严重的信息不对称现象，很多工程质量问题发生后，各利益相关者基于自身利益的考虑，会把质量问题掩盖起来，不向有关部门和单位及时通报，导致其错失了补救的良好时机。有的施工单位为了控制成本，以牺牲质量为代价，用劣质材料进行施工建设。有的建设单位为了赶工期，违背建设规律，责令施工单位不按照科学的施工方案和技术进行工程建设。这些问题最终都会导致工程质量事故的发生，酿成重大损失。如果政府部门、建设单位、施工单位、监理单位、设计单位、供应商等利益相关方之间能够及时进行信息沟通，或有一方发现了违规建设问题，质量隐情，然后能够及时进行信息通报，那么其他单位就会采取措施把质量问题控制在萌芽状态。因此，各利益相关者应该在工程建设的全过程进行质量信息传递，在不同参与主体之间进行质量信息分享。

为此，应建立一个各方参与者可以共享的信息平台，各参与主体把相关信息分享到信息平台上，其他各方看到信息后可以据此进行决策。比如，施工单位应把施工进度、质量状况、投资预算等情况及时传递到网络平台上，工程设计图和施工方案也放在网络平台上，监理单位就可以进行及时监督；工程检测机构和质量监督机构把阶段性的质量监督检测报告及时发布在网上，人们就可以通过政府进行行政监管或利用媒体进行舆论监督；各建设行政主管部门对建筑工程项目的程序审批情况公布在网上，社会大众和消费者就会根据这些信息决定是否对某些地产项目进行购买，从而对建设单位在履行建设程序合法性责任方面尽量避免违规，自根本上保证工程质量；行业管理协会定期公布行业内违规企业名单或对重大质量安全事故进行曝光，发挥社会监督作用，等等。如果某些企业因为各种原因不愿意公布相关信息，则可以利用现代信息技术手段对与工程建设和质量控制有关的情况进行技术监控。在互联网时代，尤其是移动互联网时代，人们应该重视现代通信技术和网络技术在工程建设领域的应用，共同为提高建筑工程质量做出贡献。

8.2.4 落实建筑工程质量责任追溯机制

为了增强工程建设各参与方以及企业内员工的责任心，提高工程建设效率和建筑质量，减少工程质量事故发生概率，有必要建立建筑工程各利益相关者的质量责任追溯机制。通过建立追溯体系和机制，可以极大提升各参建单位的质量管理能力，促进政府部门对建筑工程监管方式的创新，有效保障工程质量安全和消费者权益。

质量责任追溯机制就是通过采集和记录项目立项、勘察设计、施工、验收及运营等阶段的工作信息和质量信息，实现质量事故来源可查、去向可追、责任可究的目的，从而强化工程质量全过程管理与全环节风险控制。责任可追溯，就意味着在建筑工程质量事件发生时监管部门可以对质量信息进行溯源，查找问题产生的来龙去脉，直至把责任界定清楚，对有关责任主体进行相关处理。这种制度既有利于对建筑工程进行全过程控制，也有利于推进工程建设信息的公开透明，引导公众参与到工程建设和质量监督中来，同时还可以对建筑工程的有关责任主体形成一种约束，提高它们的自律性。

建筑工程涉及的环节多、参与主体多，建筑工程质量的管理控制不仅仅局限于某个企业内部，还延伸到企业外部整个生命周期当中。建筑工程质量就是在经过多个环节、通过各参与者的工作而最终形成的。工程建设的每个阶段、每个环节、每个参与主体，都可能是工程质量的贡献者或损坏者，它们共同构成了建筑工程质量链条。

质量链理论告诉我们，若是将整个建筑工程的产品对其生产过程中涉及的各个利益相关主体都能够管理和整合，就能够在降低工程成本、缩短工期的同时，做到有效地控制和改进工程产品的质量，从而进一步把顾客需求及时反馈到质量源头，使建设单位（通过施工单位、监理单位等）生产出更适应顾客需求的建筑工程产品。对工程项目质量链的有效管理也等同于对工程产品质量的形成过程的管理。从企业内部这一方面看，工程项目质量链是由众多具有质量产生逻辑关系的一系列相关活动构成的。在工程项目全生命周期的大范围下，建筑工程产品的质量形成是以围绕在建设公司为主导、施工单位为核心的企业群共同参与完成的。基于质量链管理理论，对建筑工程项目实施质量责任追溯制度就有了理论依据。

建立建筑工程质量责任追溯机制，从企业内部方面而言，在工程建设过程中每完成一个工序或是完成一项工作，均要及时记录其检验结果和存在的不足之处，包括记录有关作业人或者检验人的姓名、时间、地点和各自记录时所出现的情况分析，在工程的适当合理部位做出一些相应的质量状态标记，这些记录和标识随着工程建设进度同步流转。当出现问题时，就比较容易搞清楚质量事故是在哪个环节、在什么时间地点发生的，谁是负责人，这样可以做到职责分明、查处有据，对提高部门和员工的责任感也有很大帮助。从整个生命周期看，主要记录、分析在项目投资决策、规划准备、施工建造、竣工验收、投入运营等每个建设阶段有关参与主体（利益相关者）分别从事着哪些建设任务和承担着什么质量管理责任，对每个阶段的有关文件要完整建立管理档案（项目审批文件、地质勘察资料、设计文件、施工图纸、工程质量检测报告、验收报告以及施工合同、监理合同、设计合同、供应合同等），对每个阶段性工作进行评估，这样就可以在出现工程质量问题时比较全面地查找问题根源，及时进行质量事故责任处理。另外，鉴于建筑工程质量事件发生的不可逆性以及结果的严重性，可考虑建立和完善重大建筑工程质量事故终身责任追究制度。

根据前文对各利益相关者因素对建筑工程质量的影响的实证分析结果，施工单位和供应商因素对建筑工程质量负有直接责任，建设单位和监理单位作为驱动因素主要负间接责任，而政府部门也负有制度性责任和监管责任。在质量追溯体系中，应注重这几个利益相关者的质量责任的界定。

8.2.5　构建基于激励与约束的建筑工程质量合同管理机制

建设单位与各承包商（这里指勘察设计单位、施工单位、供应商、监理单位等）之间存在着由建设工程合同所确定的委托—代理关系，由此带来建设工程在勘察设计阶段、施工阶段、验收阶段等过程中一系列质量方面的逆向选择和道德风险问题。而建设单位对各个承包商的选择机制、监督机制和现存合同条款并不能完全解决此类问题。因此，建设单位应该更多考虑对各承包商进行主动的激励和约束，将激励约束机制引入到各类建设工程合同中，以解决建设单位与各利益相关者之间以及其他利益相关者相互之间关于建筑工程质量的委托—代理问题。

要解决建设单位与施工单位、供应商和监理单位的委托代理问题，必须做好一些合同管理工作。一是建设单位对各承包商的选择，即通过招投标的方式加强对承包商的资格审查，了解承包商企业的技术力量、人员素质和管理水平，并制定合理的评价标准，这样才能选择出合格的工程承包商。二是对承包商进行监督，即建设单位自己或通过第三方机构对承包商在建设中的行为进行监管。三是对各承包商进行激励和约束管理，即通过带有激励或惩罚性质的合同条款，让承包商在为实现自身效益最大化而努力工作的同时，保证建筑工程项目的顺利实施，满足建设单位对工程质量的要求，实现双赢目标。

第6章运用结构方程模型方法对利益相关者因素给建筑工程质量的影响进行了实证分析，结果表明施工单位因素和供应商因素对建筑工程质量存在直接正向影响，而建设单位通过对施工单位、监理单位和供应商等相关者产生积极正向影响进而对工程质量产生间接影响，监理单位则接受建设单位委托对施工单位的建造行为进行监督管理从而对工程质量产生间接影响。因此，建设单位应优化与施工单位、监理单位与供应商之间的合同关系，以激励约束机制进行合同管理。通常，建设单位具有比施工单位、监理单位和供应商等承包商具有更大的选择权利，建设单位可以通过合同规定自由调控各个承包商，使其行为向着建设期望的要求和目标努力，同时各工程承包商的决策也会对建设单位的收益产生影响，双方有一种相互制约和相互促进的主从关系，这个过程就是建设单位对各承包商建立合同激励与约束机制的作用原理。

首先，建设单位与各承办商（这里主要是指施工单位、监理单位和供应商等）订立一个承包合同（施工合同、监理合同、供应合同等），合同中明确约定建设单位的要求和目标［建设单位与施工单位主要就工期、成本、质量、安全等绩效目标进行约定，建设单位（或施工单位）与供应商就材料和设备供应的质量、数量和及时性等进行约定，建设单位对监理单位能否按照设计文件、施工合同和国家有关施工技术和质量标准的规定对工程项目进行合法监理进行约定]，并与各承包商进行沟通，以便双方能够对合同条款尤其是绩效指标进行协调，得到一个各方都能认同和接受的合同方案。合同约定，当承包商的工作达到或超过（低于）建设单位的预定标准时，明确建设单位要给承包商一定的奖励（或惩罚），并在合同中明确当工程建设遇到问题时应采取什么解决办法。

其次，承包商选择自己的工作行为，行为的科学性和努力程度以及客观条件的影响制约共同决定着承包商行为的实际产出效果（如施工单位对工程建设成本、工期、质量的产出水平；监理单位对减低工程质量事故的程度；供应商对保证材料与设备供应质量的效果等）。建设单位对各承包商的工作结果进行科学评估，并将工作绩效评估结果反馈给个承包商，使双方对此无争议。

最后，建设单位兑现对承包商的奖励（惩罚）承诺。建设单位在建筑工程合同中设置激励约束机制的运作过程如图 8－4 所示（以建设单位与施工单位的施工承包合同激励机制为例）。

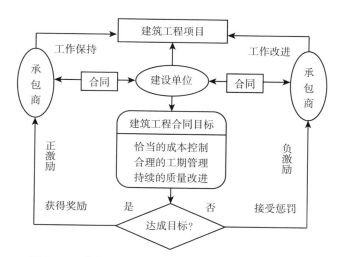

图 8－4　建筑工程合同中激励与约束机制的作用机制

资料来源：作者自制。

通过在建设单位与各承包商之间建立这种基于激励与约束的合同管理机制，实现建设单位的合同支付最小而承包商收益最大的目的，使建设单位与各承包商在工程建设质量管理中达到"双赢"。

8.2.6　实施建筑工程质量多方联动机制

通过第7章利用系统动力学对建筑工程质量和利益相关者因素进行的仿真分析，我们了解到建筑工程质量与各利益相关者因素是一个正反馈系统，当系统中某一个因素水平增加时系统中其他因素的水平也会随着增加，从而对工程质量产生积极影响。

在建筑市场中，我们把各利益相关者主体对建筑工程质量的保障程度作为市场成熟度，研究结果表明，当市场成熟度提高时建筑工程质量发生了显著的积极变化，而且随着时间推移，建筑工程质量的正向变化更加显著。

基于上述分析，为提升建筑工程质量水平，各利益相关主体除了提高自身的质量改进能力之外，还应注重利益相关者整体对建筑工程质量的保障水平，以提高市场成熟度。为此，建立利益相关者视角下的建筑工程质量保障机制，应从各利益相关主体之间的协同联动来着手。其中，特别应关注施工单位、监理单位、建设单位和供应商等企业之间的联动与协同。

建筑工程质量是各个参与主体在不同建设阶段通过自己的工作和与其他主体的合作以及与上下游企业间的协同工作而最终形成的，这实际上就相当于一个全供应链关系或全产业链关系，每个利益相关者就是供应链上的一个节点，每个节点的变化都会带动整个供应链系统的变化，所以各个利益相关主体围绕工程质量这个中心形成了联动关系。建立建筑工程质量利益相关者多方联动机制，就是把各相关方的工作任务和质量行为统一到工程建设和工程质量这个中心中来。虽然各相关方分别在不同的时间阶段、不同的建设节点对工程建设发挥不同作用，但他们的行为必须在质量链中协同起来，根据工作进度和分工不同，把工程建设任务分解到每个环节、每个节点和每个参与企业身上。当工作任务或质量目标有变化时，其他企业必须采取一致性的行动才能保证工程建设供应链系统的稳定运行，每个节点企业才能按部就班协同工作，保证工程建设朝着各方共同预期的目标发展。

在建筑工程质量利益相关者多方联动机制中，要以施工单位为核心，以建设单位为纽带，以监理单位、供应商和勘察设计单位为重点，积极发挥政府的主监管地位和社会组织、公众、媒体的第三方监督职能。各利益相关者职责分工明确、信息沟通顺畅、彼此主动对接、相互服务与促进，各方在合作中相互监督，在监督中相互合作，既保证各参与主体自治而为，又实现多方主体协同推进，从而提高利益相关者之间的组织化程度，以增强工程建设全供应链系统的凝聚力和稳定性，形成"多元治理"的格局和"风险共担、利益共享"的命运共同体，做到及时发现问题及时解决。

8.2.7 优化建筑工程质量利益协调与分配机制

围绕建筑工程质量目标，各利益相关者之间的利益协调机制应系统思考以下几个方面的问题：第一，基于"利益共享、风险共担"的原则，应建立公平合理的利益分配机制。由于建设单位、勘察设计单位、施工单位、供应商、监理单位等利益主体在工程建设中的责任地位不同以及所发挥的作用不同，所以他们各自所付出的资源和成本也各不相同，对工程质量的贡献也有差异，因此应根据对建筑工程的投入、风险和责任等因素来确定各利益相关者的收益分配。第二，构建有效的利益约束机制。各利益相关者之间不能利用自己的优势地位谋求不合理的、超越自己贡献的不当利益，比如建设单位不能通过减少预算和缩短工期的方式谋求高额回报，这将导致施工单位为了控制施工成本而发生偷工减料的行为，进而对工程质量造成影响。再如，施工单位在工程分包中不能通过低价招标的方式压榨分包商的利益，这样分包商就难以保证工程质量。另外，如果监理单位利用自己的监督地位向施工企业寻租，就容易对施工单位的施工质量放松监管，从而滋生腐败，导致质量事故。所以，应当对利益相关者的合法利益诉求予以支持，对不合理的利益要求予以严格管制。第三，设置赏罚分明的利益奖励与惩罚机制。科学合理的奖励制度会鼓励项目参与者的积极性，从而促进质量改进行动；而一定的惩罚制度能约束各相关方的不当行为，减少对工程质量不利的投机行为。第四，建立通畅自由的利益表达机制。建筑工程的参与主体较多，也可能出现在不同的阶段，各主体之间的组织联系比较复杂，缺乏有效的沟通会导致各自的利益需求逐步分化，他们之间的利益分配差异程度越来越大，难免就有不公平的分配问题，所以各相关方的利益主张和不同的价值诉求应该可以通过畅通的渠道进行充分表达。

其中，在协调各方利益的过程中，建立公平合理的利益分配机制是重点，因为利益分配会对项目利益相关者之间的整体合作关系和合作效果产生影响。其实，在工程项目的利益相关者关系协调和冲突处理中，主要就是利益机制的设计问题。在现代建筑工程管理中，有的项目参与者承担了较高的风险（如社会风险、环境风险、技术风险、安全风险等），有的参与者支出了较高的创新成本（如技术非常复杂的桥梁和超高层建筑物的施工），所以不能简单地采用单一的基于收益成本分析的利益分配模式，而必须采用综合、多元、兼容的利益分配机制。常规的利益分配模式有：首先是产出分享模式，即建筑工程项目的所有参与者从合作项目的总收益中按照一定的比例系数获得各自应得的收益；其次是固定支付模式，即建筑工程的业主单位对各利益相关者根据其在工程建设中承担的具体任务不同（如施工任务、设计任务、监理任务等），按照事前约定的报酬从建筑项目的总收益中为其支付一个固定的金额。这种利益分配机制类似市场交易的方式。然后是混合模式，即是对上述两种方式的结合，一方面建筑工程业主对其他的利益相关者按固定报酬支付收益，另一方面也按总收益的一定比例向其他利益相关者支付收益。在实际运作中，可以依据项目的特点（如是常规项目还是高科技项目，是一般房屋建筑还是工业建筑等）、项目风险（如在高自然风险、高社会风险的地区进行工程施工）、项目收益的不确定性（如地产项目可能卖不出去，公共建筑工程可能无法盈利等）等因素来确定选择哪种分配模式。

通过建立合理的利益协调和分配机制，使参与工程建设的各方利益相关者都能从中获得符合自己综合支出成本、能够体现其整体贡献的收益，就能够促使他们在建筑质量管理中承担相应的责任。通过"利益共享、风险分担"机制使他们形同利益共同体，促使其采取一致的质量行为，共同保证建筑工程质量的提高（如图8-5所示）。

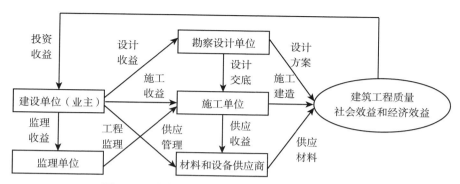

图 8 - 5　建筑工程项目主要利益相关者利益分配

注：仅以建筑项目中的几个主要利益相关者为例进行展示。
资料来源：作者自制。

8.3　本 章 小 结

本章主要研究基于利益相关者的建筑工程质量保障机制，根据第 6~7 章实证分析的结果，提出了建筑工程质量保障机制的内容，包括政府法律层面的质量监管与保障机制、全生命周期质量监管机制、质量信息传递机制、质量责任溯源机制、合同激励与约束机制、多方联动机制和利益协调与分配机制等。然后，从这七个方面对利益相关者视角下的建筑工程质量保障机制进行了分别设计。

| 第 9 章 |
结论与展望

　　建筑工程质量是每个建筑工程项目顺利进行的重要保障，由于建筑工程项目的参与主体众多，各个主体的行为对建筑工程质量均具有或大或小、或直接或间接的影响作用，本书借鉴利益相关者理论，通过对各个利益相关者的关系分析及其建筑工程质量的影响分析，在结构方程实证分析和系统动力学仿真分析的基础上，构建了基于利益相关者的建筑工程质量保障机制，进一步分析了各利益相关者在保障建筑工程质量方面应起到的重要作用。本书的研究结果为明确各利益相关者对工程质量管理的职责和义务，提高建筑工程质量提供了理论依据。

9.1　研究结论

　　本书以建筑工程质量为研究对象，在利益相关者理论的基础上，结合相关文献和其他理论基础，分析了与建筑工程质量相关的利益相关者之间的关系，利用粗糙集的理论与方法指出了对建筑工程质量具有重要影响的利益相关者因素，并对各利益相关者因素之间的作用关系进行了实证分析，之后采用系统动力学的理论与方法进一步分析了在考虑时间因素的情况下各因素与建筑工程质量的动态演化关系，最后构建了基于利益相关者的建筑工程质量保障机制。综上所述，本书的研究结论主要有以下四点：

1. 建筑工程质量管理体系是一个包含各个利益相关者的动态系统

结合相关文献和工程实践，本书将对建筑工程质量产生影响的利益相关者界定为建设单位、施工单位、供应商、勘察与设计单位、政府相关职能部门、监理单位、第三方社会组织和用户等，在分析各个利益相关者关系的基础上，运用系统论的观点将建筑工程质量管理体系分为微观、中观和宏观三个层次，并在此基础上构建了基于利益相关者的建筑工程质量管理动态模型，在理论上从建筑工程项目论证和决策阶段、准备阶段、施工阶段、竣工和验收阶段分析了各个利益相关者主体对建筑工程质量的影响关系。

2. 各个利益相关者因素之间及其对建筑工程质量具有不同程度的影响作用

本书在相关文献和理论分析的基础上，结合专题讨论和专家访谈的方法建立了基于利益相关者的建筑工程质量影响因素测量量表，运用粗糙集理论与方法筛选出了对建筑工程质量具有重要影响作用的 28 个影响因素。在此基础上，构建了利益相关者因素之间及其对建筑工程质量的影响关系的理论模型，将各因素分为根本因素（包含用户因素、政府相关职能部门因素、社会组织因素）、驱动因素（建设单位因素和监理单位因素）和直接因素（勘察设计单位因素、施工单位因素和供应商因素），利用结构方程的理论与方法对该模型进行了实证分析，结果表明对建筑工程质量具有直接影响的因素为直接因素中的施工单位因素和供应商因素以及根本因素中的用户因素，而根本因素和驱动因素中的其他相关主体因素通过直接因素对建筑工程质量产生影响。

3. 各利益相关者因素与建筑工程质量之间具有一定的动态演化关系

由于建筑工程活动的持续性和复杂性，各个利益相关者主体因素之间的关系是一个动态变化的过程，对此，本书在考虑时间因素后，利用系统动力学的理论与方法构建了基于利益相关者的建筑工程质量系统流程图，并对各个利益相关者因素给建筑工程质量带来的动态影响进行了分析，指出在考虑时间因素后，对施工单位因素、建筑工程质量自身以及监理单位因素对系统因素的变化较为敏感，其次为建设单位和供应商因素，此外在考虑市场成熟度因素情况下，指出各利益相关主体对建筑工程质量的保障程度越好，建筑工程质量提高的效率和效果越大。

4. 基于利益相关者的建筑工程质量保障机制是提高建筑工程质量的必要手段

根据前文实证分析结果，有关利益相关者之间及其与建筑工程质量之间具有显著的影响关系，据此构建基于利益相关者的建筑工程质量保障机制对于约束和激励各利益相关者主体行为，提高建筑工程项目质量具有重要作用，对此，本书构建了政府对建筑工程质量的法律监管与保障机制、基于全寿命周期的建筑工程质量监管机制、工程质量信息传递保障机制、建筑工程质量责任追溯机制、基于激励与约束的建筑工程质量合同管理机制、建筑工程质量多方联动机制和利益相关者的利益协调与分配机制等。通过各类机制的构建与运行，发挥建筑工程质量管理系统中各个利益相关者之间的影响作用，从而对各个主体的质量行为进行必要的激励与约束，提高整个建筑工程项目的质量。

9.2 不足之处

本书从利益相关者角度研究了对建筑工程质量具有影响的各个利益相关者主体因素及其之间的关系，并据此构建了基于利益相关者的建筑工程质量保障机制。研究结果为进一步厘清各个利益相关者之间的关系，识别重要影响因素，规范各个利益相关者主体行为，提高建筑工程质量水平具有一定的理论意义。但由于笔者精力和水平有限，本书仍存在一些不足之处：

一是对基于各个利益相关者主体的建筑工程质量影响因素有待进一步深入分析。在研究过程中受理论分析和实证分析所限，仅从八个主要的利益相关者角度来研究影响建筑工程质量的因素，而对于其他利益相关者（也许在其他情况下，这些没有被考虑的利益相关者可能对工程质量有较大影响，如工程保险机构、代建公司等）则未给予充分考虑。另外，在挖掘这八类利益相关者因素时，也没有把更多、更宽泛的其他范畴内的因素考虑进来，比如对铁三角（工期、成本、质量）约束给建筑工程质量造成的影响没有予以单独考虑，也没有把招投标管理可能对建筑工程质量的影响进行单独分析。那么本书提出的影响建筑工程质量的有关利益相关者因素是否具有较强的典型性和反映能力，还有待进一步考证。本书在分析各利益相关者因素之间作用机理以及对建筑工程质量的影响机制时，只是比较简单地界定了哪个因素对其他因素存在显著影响关系，而对于这种作用关系的内在动因并未做深入分析。

二是本书构建的基于利益相关者的建筑工程质量保障机制有待进一步的实践验证。书中提出的建筑工程质量保障机制是在前文理论分析和实证分析结果的基础上，运用归纳演绎法提出来的，是否科学有效，是否能够反映工程实践现实，还需要通过一些案例进行检验。还有，在设计建筑工程质量保障机制时，理论分析偏多。由于本书研究目的和研究重点在于探索利益相关因素与建筑工程质量的影响机制，以此来建立相应的保障机制，所以对于具体的保障机制的内容设计，未能从实证角度做进一步论证。比如利益协调和分配机制的设计，是需要有实证分析支持的。

9.3 研究展望

对于上述不足，本书未来的研究方向主要有以下三个方面：

1. 对各个利益相关者主体因素的影响关系与作用机理研究

本书主要探讨了各个利益相关者主体因素之间的相互影响及其对建筑工程质量的影响作用，但各个利益相关者主体内部各个因素之间也存在一定的影响关系，尤其是对于建设单位、施工单位等主体，内部各个因素之间的影响关系对建筑工程质量的水平也具有重要影响作用，因此进一步分析它们之间的关系对于更好地激励与约束某个利益相关者主体的行为具有重要作用。而对于建筑工程质量各利益相关者因素之间及其与建筑工程质量之间发生显著影响关系的内在动因，还需要从理论和实证上做深入细致探讨，因为动因决定了行为，了解了各利益相关者之间及其与工程质量之间为什么存在这样的影响关系，以及这种影响的演进路径机制，对设计基于利益相关者的建筑工程质量保障机制有更强的针对性和实用性。

2. 对基于利益相关者的建筑工程质量保障机制的实践与应用研究

本书从多个角度构建了基于利益相关者的建筑工程质量保障机制，这些机制从理论分析上也许有较强的合理性和科学性，但各类机制在实践应用上的作用与效果仍有待进一步验证。因此，在今后的研究中，可以选取一些典型的建筑工程项目，通过应用本书构建的建筑工程质量保障机制，考察工程项目的各个利益相关者主体的行为以及建筑工程质量水平的变化是否朝着预期方向发展，是否在特定条件下经过一段时间的检验后各利益相关者的质量管理行为以及不同利益相关者之间会采取协同的改进行为来保障工程质量，从而发现本书构建的质量保障机制所存在的不足之处，并从工程建设实践中寻找优化质量保障机制的途径，从而进一步规范各个利益相关者主体的质量管理行为，为提高建筑工程质量的整体水平创造有利条件。

3. 对建筑工程质量的利益相关者的行为研究

人类行为和组织行为具有高度的复杂性，在一个建筑工程质量管理系统中，参与工程建设的各个利益相关者构成了一个复杂的组织网络系统，一个主体的行为发生变化，也许会对另一个主体的行为发生影响，进而会影响更多其他主体的行为发生变化，最终导致整个系统发生变化，这样建筑工程质量的变化就可能面临更多的可能性。研究利益相关者视角下的建筑工程质量保障机制，目的就在于激励和约束各参与主体的质量管理行为。所以，研究各利益相关者在整个建筑工程质量管理系统中的行为具有较强的理论价值和实践意义。在未来的研究中，可以运用组织行为学、工业心理学、博弈论等理论进行深入研究。

附　　录

调 查 问 题

问卷编号：＿＿＿＿＿＿＿＿＿＿

尊敬的朋友：

　　您好！

　　首先感谢您在百忙之中抽出宝贵的时间来填写这份调查问卷！该问卷是关于利益相关者视角下建筑工程质量影响因素的研究。本次调查问卷纯为学术研究所用，答案并无对错之分，烦请您根据自己在工作中的实际情况如实作答。而且，研究结果不会体现贵单位和您个人的保密信息，请您放心填写。另外，如果您愿意分享本课题组的研究成果，请您留下 E－mail：＿＿＿＿＿＿＿＿＿＿，以便于将最终研究成果发送给您。在答题时，请您尽可能选择自己最熟悉的一个项目作为回答问卷的样本。您的参与对本课题组的研究至关重要，衷心感谢您的合作和支持！

　　访问起止时间：＿＿＿＿年＿＿月＿＿日＿＿时至＿＿＿＿年＿＿月＿＿日＿＿时。

一、项目信息

1. 项目名称：＿＿＿＿＿＿＿＿＿；项目所在城市：＿＿＿＿＿＿＿＿＿；建设单位（甲方）：＿＿＿＿＿＿＿＿；企业性质：＿＿＿＿＿＿。

2. 项目类型：□民用建筑工程　□工业建筑工程　□市政公用行业建筑

项目　□其他；

项目结构类型：□框架　□框剪　□短肢剪力墙　□砖混　□钢结构□其他。

3. 层数_____；建筑面积：_____万平方米。

4. 项目部管理人员数量：_____人；施工人员数量：_____人。

5. 项目开工日期：_____年____月；完工日期：_____年____月。

二、调研内容

请您看完题目后，用5分制来评分，并在相应的数字1、2、3、4、5前的"□"内打上"√"。其中1、2、3、4、5分别代表"非常差""比较差""不确定""比较好""非常好"。为了得到更好的统计分析结果，请您尽量给出明确的选择，较少使用"不确定"选项。

（一）建设单位因素

1. 对重要事项决策的科学性和合理性　　□1　□2　□3　□4　□5

2. 对建筑工程项目质量目标设定的合理性　□1　□2　□3　□4　□5

3. 对相关合同履行情况　　　　　　　　□1　□2　□3　□4　□5

4. 资金供应的及时性　　　　　　　　　□1　□2　□3　□4　□5

5. 合同管理能力　　　　　　　　　　　□1　□2　□3　□4　□5

6. 质量保证体系的完善性　　　　　　　□1　□2　□3　□4　□5

7. 对建设程序的遵守情况　　　　　　　□1　□2　□3　□4　□5

（二）施工单位因素

1. 施工单位的资质为　□三级　□二级　□不确定　□一级　□特级

2. 各级管理人员的专业素质　　　　　　□1　□2　□3　□4　□5

3. 施工人员的专业能力　　　　　　　　□1　□2　□3　□4　□5

4. 合格建筑材料的使用情况　　　　　　□1　□2　□3　□4　□5

5. 机械设备的使用情况　　　　　　　　□1　□2　□3　□4　□5

6. 施工组织设计的科学性和合理性　　　□1　□2　□3　□4　□5

7. 施工工艺和方法的先进性和合理性　□1　□2　□3　□4　□5
8. 分包商选择的合理性和合规性　□1　□2　□3　□4　□5
9. 遵守规范施工情况　□1　□2　□3　□4　□5

（注：本研究把建设工期、施工成本等有关问题对建筑质量的影响融合到了施工单位遵守规范施工、对建筑材料的使用情况等因素之中）

（三）供应商因素

1. 提供材料的质量情况　□1　□2　□3　□4　□5
2. 提供设备的合格情况　□1　□2　□3　□4　□5
3. 提供材料的及时性　□1　□2　□3　□4　□5
4. 提供材料的准确性　□1　□2　□3　□4　□5
5. 对设备维护情况　□1　□2　□3　□4　□5

（四）勘察与设计单位因素

1. 勘察设计单位的资质　□1　□2　□3　□4　□5
2. 勘察人员的专业能力和素质　□1　□2　□3　□4　□5
3. 地质勘察的准确程度　□1　□2　□3　□4　□5
4. 设计人员的专业能力和素质　□1　□2　□3　□4　□5
5. 设计方案的质量　□1　□2　□3　□4　□5
6. 相关规范的适用性　□1　□2　□3　□4　□5
7. 设计交底的质量　□1　□2　□3　□4　□5

（五）政府及相关职能部门因素

1. 质量监管责任意识　□1　□2　□3　□4　□5
2. 质量监管政策和制度的制定　□1　□2　□3　□4　□5
3. 质量监管政策和制度的执行　□1　□2　□3　□4　□5
4. 质量监管水平　□1　□2　□3　□4　□5
5. 政府廉洁程度　□1　□2　□3　□4　□5

（六）监理单位因素

1. 监理工程师的专业能力　□1　□2　□3　□4　□5

2. 监理工程师的综合素质 □1 □2 □3 □4 □5
3. 监理工程师的责任意识 □1 □2 □3 □4 □5
4. 单位的技术装备 □1 □2 □3 □4 □5
5. 监督检查的质量 □1 □2 □3 □4 □5

（七）社会组织、公众、媒体因素

1. 质量责任意识 □1 □2 □3 □4 □5
2. 专业水平 □1 □2 □3 □4 □5
3. 独立性 □1 □2 □3 □4 □5
4. 公众与媒体的响应程度 □1 □2 □3 □4 □5

（八）用户因素

1. 对工程质量的重视程度 □1 □2 □3 □4 □5
2. 维权意识 □1 □2 □3 □4 □5
3. 对建筑物使用情况的合理性 □1 □2 □3 □4 □5
4. 对建筑物维护情况的合理性 □1 □2 □3 □4 □5

（九）建筑工程质量情况

1. 出现质量问题的频率
　　　□非常低 □比较低 □不确定 □比较高 □非常高
2. 因质量问题被处罚的频率
　　　□非常低 □比较低 □不确定 □比较高 □非常高
3. 造成损失的程度
　　　□非常低 □比较低 □不确定 □比较高 □非常高

三、个人基本信息

1. 所属企业：_____；
2. 性别：□男 □女；
3. 年龄：□18～30岁 □31～40岁 □41～50岁 □51岁以上；

4. 学历：□小学 □初中 □高中 □中专 □大专 □本科 □研究生；

5. 工作年限：□5 年及以下 □6～10 年 □11～15 年 □16～20 年 □21 年及以上；

6. 职位：_____；工种：_____。

再次感谢您的积极配合与协助，祝您工作顺利！

参考文献

[1] 彭为，陈建国，伍迪，等.政府与社会资本合作项目利益相关者影响力分析——基于美国州立高速公路项目的实证研究 [J].管理评论，2017 (5)：205–215.

[2] 雷丽彩，周晶，许继文.考虑决策者态度的大型工程利益相关者的冲突协调方法研究 [J].管理现代化，2017 (1)：46–48.

[3] 滕越.建筑工业化产业链的利益相关者关系研究——基于工业共生理论 [D].重庆：重庆大学，2016.

[4] 曾晖.工程项目利益相关者的伦理责任研究 [J].长沙铁道学院学报（社会科学版），2014 (1)：22–23.

[5] 孟军，李刚.政府监督是保证交通工程质量和安全的重要一环 [N].辽宁日报，2017–10–09.

[6] 丁嘉俐.基于博弈论的土地整治项目利益相关者质量行为研究 [D].南京：南京工业大学，2017.

[7] 苟兴朝.专业合作、多边互联性交易、重复博弈与农产品质量保障机制 [J].江苏农业科学，2018，46 (1)：275–278.

[8] 王德东，姚凯.基于 ANP 的利益相关者协同影响因素研究——以大型政府工程项目为例 [J].项目管理技术，2017 (12)：26–31.

[9] 王勇，杨静.利益相关者共享联盟：国际工程项目的探索和实践 [J].国际经济合作，2017 (5)：64–68.

[10] 李维安，王世权.利益相关者治理理论研究脉络及其进展探析

[J].外国经济与管理,2007 (4):10-17.

[11] 史蒂文·F. 沃克,杰弗里·E. 马尔.利益相关者权力 [M].赵宝华,刘艳平,译.北京:经济管理出版社,2003.

[12] 杨秀琼.利益相关者的分类研究综述 [J].阜阳师范学院学报 (社会科学版),2009 (4):58-61.

[13] 贾生华,陈宏辉.利益相关者界定方法述评 [J].外国经济与管理,2002 (5):13-18.

[14] 吴玲,陈维政.企业对利益相关者实施分类管理的定量模式研究 [J].中国工业经济,2003 (6):70-73.

[15] 曹晓丽.公共项目利益相关者沟通机制研究 [M].北京:经济科学出版社,2015.

[16] 后小仙.政府投资项目利益相关者共同治理模式研究 [M].北京:经济科学出版社,2011.

[17] 爱德华·弗里曼,杰弗里·哈里森,安德鲁·威克斯,拜德安·帕尔马著.利益相关者理论现状与展望 [M].盛亚,李靖华,译.北京:知识产权出版社,2013.

[18] 江若玫,靳云汇.企业利益相关者理论与应用研究 [M].北京:北京大学出版社,2009.

[19] 郝桂敏.企业需求、企业实力对利益相关者分类的影响 [D].长春:吉林大学,2007.

[20] 约瑟夫·W. 韦斯.商业伦理:利益相关者分析与问题管理方法 [M].符彩霞,译.北京:中国人民大学出版社,2005.

[21] 霍红,付玮琼.农产品质量安全控制模式与保障机制研究 [M].北京:科学出版社,2014.

[22] 陈莹.建筑工程项目的施工质量管理研究 [J].企业导报,2011 (7):56-57.

[23] 张燕芳.建筑工程施工质量管理的研究与实践 [D].广州:华南理工大学,2013.

[24] 陈仙通.基于全面质量管理的建筑工程质量评估模式研究 [J].工程建设与设计,2006 (10):87-89.

［25］刘佳鑫，谢吉勇．基于全寿命周期的建筑工程质量监管模式研究［J］．建筑与预算，2015（11）：5－11.

［26］尤建新，周文泳，武小军，等．质量管理学［M］．北京：科学出版社，2016.

［27］何宁．建筑施工项目的全面质量管理和质量控制［J］．民营科技，2015（8）：92－93.

［28］沈涛涌．建筑施工项目利益相关者合作机制研究［D］．济南：山东大学，2011.

［29］邓进良．建筑工程质量管理有效性分析及研究［J］．建筑知识，2016，36（5）：81－82.

［30］吴孝灵．基于博弈模型 BOT 项目利益相关者利益协调机制研究［D］．南京：南京大学，2011.

［31］赵丹平．公共建筑质量监督管理多元主体参与研究［J］．建筑与装饰，2015（7）：249－250.

［32］张晓倩，武赛赛，江燕，等．复杂重大科技工程利益相关者的博弈分析［J］．科技与经济，2015，28（5）：6－10.

［33］王宏杰．浅议相关方对建筑工程质量的影响［J］．河北煤炭，2008（1）：41－42.

［34］石爱玲．工程项目利益相关者冲突处理机制研究［D］．济南：山东财经大学，2012.

［35］王进，许玉洁．大型工程项目利益相关者分类［J］．铁道科学与工程学报，2009，6（5）：77－83.

［36］王丽红．建筑工程质量保障体系建设的研究［J］．科技与企业，2013（13）：18－20.

［37］刘小艳．业主方全过程项目质量管理研究［D］．长沙：中南大学，2012.

［38］管荣月，杨国桥，傅华锋．建筑工程项目利益相关者管理研究［J］．中国高新技术企业，2009，113（2）：130－132.

［39］郭汉丁，王凯，郭伟．业主建设工程项目管理指南［M］．北京：机械工业出版社，2005.

［40］陈刚．工程质量事故的研究［D］．武汉：华中科技大学，2006.

［41］潘巍．基于案例分析的建筑工程质量事故现状与原因［J］．工程质量，2012，30（4）：28－31.

［42］郑逢波，张萌．基于 DEMATEL 的建筑项目质量安全影响因素辨识［J］．中国市场，2013（26）：55－57.

［43］吴明隆．结构方程模型：AMOS 的操作与应用［M］．重庆：重庆大学出版社，2009.

［44］林枫．基于工程事故原因评价模型的质量反馈控制研究［D］．长沙：湖南大学，2006.

［45］潘巍．建筑工程质量事故影响因素的 ISM 建模与分析［J］．工程管理学报，2012（1）：79－83.

［46］尚召云．建筑工程质量事故影响因素的分析和探讨［J］．中小企业管理与科技，2010（11A）：255－255，256.

［47］张文修，吴伟志．粗糙集理论介绍和研究综述［J］．模糊系统与数学，2000，14（4）：1－12.

［48］王珏．粗糙集理论及其应用研究［D］．西安：西安电子科技大学，2005.

［49］王国胤，姚一豫，于洪．粗糙集理论与应用研究综述［J］．计算机学报，2009，32（7）：1229－1246.

［50］郑涛．粗集理论属性约简的关键技术研究［J］．计算机光盘软件与应用，2012（14）：101.

［51］邹瑞芝．一种基于遗传算法的粗糙集属性约简算法［J］．电脑知识与技术，2011，7（12）：2943－2944.

［52］廖中举．基于认知视角的企业突发事件预防行为及其绩效研究［D］．杭州：浙江大学，2015.

［53］李杏，于广明，等．基于原因分析的工程质量事故处理研究［J］．青岛理工大学学报，2012（3）：26－30.

［54］王其藩．系统动力学［M］．北京：清华大学出版社，1994.

［55］韩国波，张丽华．基于全寿命周期的建筑工程质量监管关键环节探讨［J］．华北科技学院学报，2014，11（4）：35－40.

[56] 张虹. 工程质量监督管理模式现状分析与创新 [J]. 科技经济导刊, 2016 (12): 165-166.

[57] 何慧荣. 建筑工程质量影响因素与控制对策 [J]. 山西建筑, 2008 (9): 50-52.

[58] 胡仲春. 基于关键利益相关方的施工项目质量保证体系研究 [D]. 济南: 山东大学, 2006.

[59] 孙峻, 丁烈云, 曹立新. 建设工程全寿命周期质量监管体系研究 [J]. 建筑经济, 2007 (1): 28-30.

[60] 韩国波, 高全臣. 基于全寿命周期的建筑工程质量 "三环" 监管模式构建 [J]. 煤炭工程, 2014, 46 (3): 146-148.

[61] 洪天超. 建筑全寿命周期的工程质量综合管理探讨 [J]. 福建工程学院学报, 2010 (10): 99-100.

[62] 邓赞利. 基于新形势下建筑工程质量监督管理方法与模式创新的分析思考 [J]. 中外建筑, 2011 (1): 117-118.

[63] 薛李洪. 建筑企业质量环境安全管理体系一体化整合研究 [D]. 武汉: 武汉理工大学, 2004.

[64] 杨晓华, 淡寿全. 我国建筑安全管理组织体系现状及完善措施 [J]. 科技资讯, 2009 (20): 168-169.

[65] 卢谦. 建筑物全寿命质量安全管理制度与既有大型公共建筑安全管理办法刍议 [C]. 工程科技论坛第70场. 大会报告文集, 2008: 33-53.

[66] 建设部质量安全司课题. 建筑物全寿命周期质量安全管理制度研究 [R]. 2007.

[67] 周红波, 叶少帅, 陶红. 基于建筑供应链的工程项目管理模式研究 [J]. 建筑经济, 2007 (1): 83-86.

[68] 尹巍巍, 张可明, 宋伯慧, 等. 乳品供应链质量安全控制的博弈分析 [J]. 软科学, 2009 (11): 64-68.

[69] 张煜, 汪寿阳. 食品供应链质量安全管理模式研究——三鹿奶粉事件案例分析 [J]. 管理评论, 2010 (10): 67-74.

[70] 周杰. 农产品供应链质量安全保障研究 [J]. 江苏农业科学, 2011 (3): 414-417.

[71] 彭玉珊，孙世民，周霞．基于进化博弈的优质猪肉供应链质量安全行为协调机制研究 [J]．运筹与管理，2011 (6)：114－119．

[72] 张蓓，周文良．基于过程系统理论的农产品供应链质量安全可靠性的实现 [J]．广东农业科学，2013 (12)：216－218，222．

[73] 万健华．利益相关者管理 [M]．深圳：海天出版社，1998．

[74] 李心合．面向可持续发展的利益相关者管理 [J]．当代财经，2001 (1)：66－70．

[75] 陈宏辉，贾生华．企业利益相关者三维分类的实证分析 [J]．经济研究，2004 (4)：32－36．

[76] 贺红梅．基于企业生命周期的利益相关者分类及其实证研究 [J]．四川大学学报，2005 (6)：37－38．

[77] 任超．建筑工程项目质量监督管理问题研究 [J]．科学中国人，2016 (9)：105－106．

[78] 孙小燕．农产品质量安全信息传递机制研究 [M]．北京：中国农业大学出版社，2010．

[79] 黄卫．全面贯彻落实科学发展观，开创建筑工程质量管理工作新局面 [EB/OL]．http：//www. cin. gov. cn/indus/speech/2006122101. htm，2006－12－21．

[80] 张巧玲，张红，朱宏亮．新加坡工程质量管理的 CONQUAS 体系及其借鉴 [J]．建筑经济，2003 (11)：48－50．

[81] 丁胜，许志强，梅娟．建设工程安全质量共同治理体系和监督执法管理制度的探索 [J]．工程质量，2014，32 (11)：5－8，16．

[82] 祁胜媚．农产品质量安全管理体系建设的研究 [D]．扬州大学，2011．

[83] 郭汉丁，刘应宗．论建设工程质量政府监督管理机制 [J]．华东交通大学学报，2005，22 (5)：111－115．

[84] 丁荣贵．项目利益相关方及其需求的识别 [J]．项目管理技术，2008 (1)：73－76．

[85] 王进．大型工程项目成功标准研究——基于利益相关者理论 [D]．长沙：中南大学，2008．

[86] 孙波. 中国水产品质量安全管理体系研究 [M]. 青岛：中国海洋大学出版社，2012.

[87] 周世功. 浅议影响建筑工程质量的几大因素 [J]. 中国高新技术产品，2013（9）：160-161.

[88] 刘迎心，李清立. 中国建筑工程质量现状剖析、国际借鉴、未来对策 [M]. 北京：中国建筑工业出版社，2007.

[89] 雷勇刚. 建筑施工项目的全面质量管理和质量控制 [J]. 中国新技术新产品，2014（24）：149.

[90] 张磊，蒋裕丰. 基于粗糙集的水利水电工程施工安全影响因素重要性分析 [J]. 三峡大学学报（自然科学版），2009（5）：7-10.

[91] 刘大智. EPC 模式下的工程质量形成过程与影响因素分析 [J]. 商品与质量，2010（SA）：1.

[92] 王介石，周晓宏，郝春晖. 基于利益相关者理论的工程项目关系治理影响因素研究 [J]. 铜陵学院学报，2011（1）：29-32.

[93] 常宏建. 项目利益相关者协调机制研究 [D]. 济南：山东大学，2009.

[94] 马庆国. 管理统计——数据获取、统计原理、SPSS 工具与应用研究 [M]. 北京：科学出版社，2008.

[95] 王华，尹贻林. 基于委托—代理的工程项目治理结构及其优化 [J]. 中国软科学，2004（11）：93-96.

[96] 徐洪建. 建设工程政府质量监督管理模式分析 [J]. 低碳世界，2014（9）：233-234.

[97] 郑昌勇，张星. PPP 项目利益相关者管理探讨 [J]. 项目管理技术，2009，7（12）：39-42.

[98] 何威，等. BOT 项目利益相关者管理探讨 [J]. 安徽建筑，2010（4）：158-159.

[99] 沈岐平，杨静. 建设项目利益相关者管理框架研究 [J]. 工程管理学报，2010，24（4）：412-419.

[100] 卓菁. 基于利益相关者视角的建设项目管理目标及对策研究 [J]. 改革与战略，2012，28（4）：41-43.

[101] 曲延亮. 业主质量行为对工程项目建设质量的影响分析 [J]. 中国新技术产品, 2010, 9 (18): 67.

[102] 盛亚, 李春友. 利益相关者显著性的整合研究框架——主观感知与主体属性 [J]. 商业经济与管理, 2016 (1): 36 –52.

[103] 王清刚, 徐欣宇. 企业社会责任的价值创造机理及实证检验——基于利益相关者理论和生命周期理论 [J]. 中国软科学, 2016 (2): 179 –192.

[104] 王榴, 陈建明. 基于委托代理模型的建筑工程激励合同机制研究 [J]. 工程管理学报, 2014, 28 (1): 98 –102.

[105] 杨植霖. 施工组织对建筑工程质量的影响 [J]. 门窗, 2015 (1): 159.

[106] 贾增科, 邱菀华, 赵丽坤. 基于脆弱性理论的建筑安全管理研究 [J]. 建筑经济, 2015 (2): 97 –100.

[107] 易涛. 基于费用控制的业主对承包商激励机制设计与模型构建 [D]. 北京: 华北电力大学, 2014.

[108] 王雪青, 孙丽莹, 陈杨杨. 基于社会网络分析的承包商利益相关者研究 [J]. 工程管理学报, 2015, 29 (3): 13 –18.

[109] 毛小平, 陆惠民, 李启明. 我国工程项目可持续建设的利益相关者研究 [J]. 东南大学学报 (哲学社会科学版), 2012, 14 (2): 46 –50.

[110] 崇丹, 李永奎, 乐云. 城市基础设施建设项目群组织网络关系治理研究——一种网络组织的视角 [J]. 软科学, 2012, 26 (2): 13 –19.

[111] 白利. 基于全寿命周期的水利工程项目利益相关者分类管理探析 [J]. 建筑经济, 2009 (6): 52 –54.

[112] 何旭东. "利益相关者环" 在工程项目关系管理中的应用 [J]. 科技管理研究, 2011, 31 (17): 194 –197.

[113] 许杰峰, 雷星晖. 基于BIM的建筑供应链管理研究 [J]. 建筑科学, 2014 (5): 85 –89.

[114] 李长健, 董芳芳, 邵江婷. 论我国农产品质量安全保障机制的构建 [J]. 华北水利水电学院学报 (社科版), 2009, 25 (6): 43 –46.

[115] 林丽金, 马凤棋, 陈乐群. 农产品质量安全保障体系的构建 [J].

农业经济与管理，2013（6）：45－51.

［116］朱国洪. 建筑工程质量管理现状分析及对策研究［J］. 科技与管理，2013（5）：201－202.

［117］王再军. 建筑工程中的质量管理现状和影响因素分析［J］. 长江大学学报（自然科学版），2009，6（2）：328－330.

［118］王新法，许伟. 大型公共建筑项目利益相关者分析［J］. 华北科技学院学报，2014，11（9）：117－119.

［119］蔡炯，田翠香，冯文红. 利益相关者理论在我国应用研究综述［J］. 财会通讯，2009（4）：51－54.

［120］代亮，郭金明. 利益相关者视域下的工程安全伦理探析［J］. 重庆理工大学学报（社会科学版），2014，28（4）：90－93.

［121］宋克新，宫靖，韩蓉. 绿色工业建筑利益相关者绿色协调机制研究［J］. 改革与战略，2013，29（2）：110－113.

［122］王亮，周晓宏，王业球. 项目利益相关者影响力评价研究综述［J］. 项目管理技术，2012，10（9）：56－59.

［123］马世超. 基于利益相关者和生命周期的建设项目动态风险管理研究［J］. 建筑管理现代化，2009，23（2）：176－179.

［124］丁士昭. 美国和德国的建筑产品质量保证体制［J］. 建筑，2001（7）：47－50.

［125］李海鹏. 全寿命周期的建筑工程质量监管模式及方法分析［J］. 企业技术开发，2015（1）：160－161.

［126］王艺博. 建筑工程质量保障体系构建的研究［J］. 山东工业技术，2015（10）：111.

［127］朱永江. 利益相关者视阈下的高校教学质量保障机制的构建［J］. 教育学术月刊，2011（8）：49－51.

［128］赵维树. 建筑工程质量影响因素的结构及倍效关系研究［J］. 安徽建筑工业学院学报（自然科学版），2014，22（2）：116－121.

［129］王林，张维. 基于解释结构模型的建筑工程质量因素分析［J］. 数学的实践与认识，2014，44（14）：223－230.

［130］盛建功. 铁路工程项目质量影响因素分析及治理［J］. 铁道勘测

与设计，2015（1）：118－120.

[131] 何非，齐善鸿. 利益相关者共同参与多视角解决产品质量问题 [J]. 科学学与科学技术管理，2009（5）：158－162，193.

[132] 石智雷，杨诚. 南水北调工程利益相关者管理演进与利益结构 [J]. 科技进步与对策，2010，27（13）：24－28.

[133] 李刚厂，高贯杰. 浅谈建筑工程质量的影响因素分析 [J]. 房地产导刊，2013（17）：373.

[134] 王海涛. 浅谈业主方对建筑工程质量的控制 [J]. 山东煤炭科技，2011（3）：181－182.

[135] 洪华俊，朱惠敏. 探讨建筑工程质量管理之影响因素及质量控制 [J]. 科技资讯，2009（26）：161－162.

[136] 关罡，孙钢柱. 我国住宅工程质量问题的群因素分析 [J]. 建筑经济，2008（5）：82－84.

[137] 张学明. 现场施工监理对建筑工程进度及质量的影响分析 [J]. 中华民居，2013（11）：246－249.

[138] 黄莹，周福新，李清立. 基于质量链的建设工程项目质量协同管理研究 [J]. 工程管理学报，2016，30（4）：116－120.

[139] 周晓宏，王业球，凌利. 基于利益相关者理论的工程项目治理机制研究 [J]. 安徽工业大学学报（社会科学版），2011，28（6）：45－46.

[140] 谭佩丽. 全寿命周期视角下建筑工程质量控制模式探究 [J]. 科技与创新，2015（14）：68－69.

[141] 陈松. 中国农产品质量安全追溯管理模式研究 [D]. 北京：中国农业科学院，2013.

[142] 杨益晟. 复杂大型建设项目质量链识别方法及其优化模型研究 [D]. 北京：华北电力大学，2015.

[143] 陆位忠. 总承包体制下的工程质量责任分担与监管机制设计 [D]. 重庆：重庆大学，2014.

[144] 苏菊宁，蒋昌盛，陈菊红. 考虑质量失误的建筑供应链质量控制协调研究 [J]. 运筹与管理，2009，18（5）：91－96.

[145] 陆龚曙，易涛. 委托代理理论下业主对施工承包商的激励设计

[J]. 系统工程, 2011 (9): 72 - 77.

[146] 陈兴海. 我国工程质量保证保险风险分担机制研究 [D]. 武汉: 华中科技大学, 2009.

[147] 吴仲兵. 政府投资代建制项目监管体系研究 [D]. 北京: 北京交通大学, 2013.

[148] 郭志达, 姚尧. 政府投资代建制项目双边道德风险的博弈研究 [J]. 工程管理学报, 2014 (6): 43 - 47.

[149] 鲜兵强. 工程总承包与代建制模式的探讨 [J]. 企业经济, 2012 (8): 133 - 136.

[150] 卓永平. 建筑质量监督管理在建筑节能工作中的重要作用 [J]. 低碳世界, 2018 (2): 175 - 176.

[151] 杨玉金. 建筑质量问题投诉分析与应对措施 [J]. 工程质量, 2017 (11): 1 - 3.

[152] 李群. 提升民用建筑质量安全与途径的探讨 [J]. 山西建筑, 2017 (25): 204 - 205.

[153] 李海湛. 论建筑工程项目中的建筑质量管理 [J]. 智能城市, 2017 (7): 234 - 235.

[154] 刘红皋. 美国日本确保建筑质量的经验及启示 [J]. 四川职业技术学院学报, 2016 (3): 168 - 170.

[155] 周福新, 李清立, 黄莹. 基于精益建造思想的工业化建筑质量管理研究 [J]. 建筑经济, 2016 (7): 11 - 14.

[156] 白庶, 张艳坤, 韩凤, 等. 基于 ISM 分析法的装配式建筑质量因素结构分析与对策研究 [J]. 辽宁经济, 2016 (8): 32 - 35.

[157] 周艳学. 建筑质量管理中存在的问题与对策分析 [J]. 科技创新与应用, 2016 (28): 271 - 272.

[158] 杨超. 建筑质量管理与控制 [D]. 淮南: 安徽理工大学, 2017.

[159] 李健, 王志强, 林颖. 基于序关系法的 PC 建筑质量非线性模糊综合评价 [J]. 价值工程, 2017 (2): 101 - 104.

[160] 杨洋. 以"品牌价值"为中心的房地产建筑质量控制研究 [D]. 长江: 长江大学, 2017.

[161] 聂龙. 长春富腾东南天下项目建筑质量管理研究 [D]. 长春：吉林大学，2016.

[162] 王瑞菊，周长荣. 建设工程质量合同管理研究 [J]. 环渤海经济瞭望，2017（12）：152－153.

[163] 刘洪峰，赵瑞，贾以坤. 如何构建工程质量管理体系 [J]. 国际工程与劳务，2017（12）：48－51.

[164] 郭汉丁，陶凯，张印贤. 工程质量政府监督团队行为特征及其影响机理 [J]. 项目管理技术，2017（12）：13－18.

[165] 孟中原. 论境外建筑工程质量的法律风险防范——以一起承包商与境内加工承揽方之间的纠纷为例 [J]. 人力资源管理，2017（12）：37－38.

[166] 田昕加，武俊芳. "互联网＋"农产品供应链中加工企业质量保障机制构建 [J]. 中国商论，2015（28）：85－87.

[167] 齐宝鑫，武亚军. 战略管理视角下利益相关者理论的回顾与发展前瞻 [J]. 工业技术经济，2018（2）：3－12.

[168] 严景宁，刘庆文，项昀. 基于利益相关者理论的水利PPP项目风险分担 [J]. 技术经济与管理研究，2017（11）：3－7.

[169] 刘洋. 统计数据质量管理问题初探——从利益相关者理论探讨统计数据管理 [J]. 内蒙古统计，2017（2）：52－53.

[170] 费星锋. 基于利益相关者理论的工程项目协调管理案例研究 [D]. 杭州：浙江工商大学，2016.

[171] 应立弢. 基于利益相关者理论的大型工程项目建设方案综合评价研究 [D]. 成都：西南交通大学，2015.

[172] 戚明辉. 工程项目绿色建筑质量管理研究 [D]. 天津：天津科技大学，2016.

[173] 蔺艳娥，栗洪武. 利益相关者共同参与的高等教育内部质量保障运行机制 [J]. 教育评论，2017（7）：55－58.

[174] 孔慧阁，唐伟. 利益相关者视角下环境信息披露质量的影响因素 [J]. 管理评论，2016（9）：182－193.

[175] 程开明. 基于利益相关者视角的统计数据质量管理体系研究 [J].

商业经济与管理，2013（3）：81－90.

［176］李明，吴文浩，吴光东．基于利益相关者动态博弈的绿色建筑推进机制［J］．土木工程与管理学报，2017（3）：20－26.

［177］杨建平，冉浩然，胡苏．基于利益相关者视角的建筑工业化影响因素研究［J］．时代金融，2017（2）：318－320.

［178］李晓桐．基于社会网络分析的建筑工业化利益相关者关系研究［D］．北京：北方工业大学，2015.

［179］何迎花，吴磊．体育旅行社服务质量影响因素分析——基于利益相关者视角［J］．长春理工大学学报（社会科学版），2013（2）：120－122.

［180］杨炜长．利益相关者视阈下的民办高校教学质量管理机制创新研究［J］．西南农业大学学报（社会科学版），2013（4）：147－151.

［181］王佳．黑龙江省绿色食品质量安全保障机制探析［J］．法制与社会，2017（20）：207－208.

［182］尹兴邦，高飞虎．建筑工程质量安全保障法律机制探究［J］．科研，2016（10）：241－242.

［183］王敏．基于BIM技术的公共项目利益相关者沟通平台研究［D］．兰州：兰州交通大学，2017.

［184］徐敏．FCG核岛土建工程项目利益相关者关系管理的研究［D］．南宁：广西大学，2016.

［185］张洁．基于利益相关者理论的工程项目进度管理研究［D］．西安：西安科技大学，2015.

［186］王晓川．企业质量管理防错体系研究［D］．北京：中国矿业大学，2013.

［187］宋悦华．我国建筑工程质量现状与治理［J］．工程质量，2015，33（11）：167－169.

［188］谢世伟．建筑工程项目质量管理研究［J］．财经问题研究，2015（S1）：59－62.

［189］侯学良，汪勇．基于核主元分析和贝叶斯推理的建设工程项目质量状态在线诊断模型及其仿真［J］．系统管理学报，2015（4）：472－479.

［190］陆军．建设工程质量监管体系的反思与重构［J］．石油工业技术

监督，2015（3）：20－23.

［191］赵予. 浅议建筑工程质量监督管理存在的问题及改进措施［J］. 价值工程，2015（8）：135－136.

［192］吴仲兵. 论政府投资代建制项目监管利益相关者的界定与分类［J］. 建筑经济，2011（1）：49－50.

［193］吕萍. 政府投资项目利益相关者分类实证研究［J］. 工程管理学报，2013，27（1）：39－43.

［194］张秀东，蔡路，王基铭. 大型石化项目利益相关者风险与业主风险承受度［J］. 华东理工大学学报（社会科学版），2017（4）：89－99.

［195］陈希. 大型工程项目审计利益相关者利益协调机制研究［D］. 长沙：长沙理工大学，2013.

［196］李晓寒. 公租房代建项目核心利益相关者行为研究［D］. 长春：吉林大学，2013.

［197］袁明慧. 基于利益相关者视角的工程项目目标系统研究［D］. 长沙：中南大学，2012.

［198］房颖，温国锋. 工程项目利益相关者道德风险分析与综合评价［J］. 山东工商学院学报，2017（1）：69－76.

［199］孙文亮. 保障性住房项目利益相关者关系治理研究［D］. 天津：河北工业大学，2016.

［200］陈梦龙. 契约网络下政府投资建设项目利益相关者共同治理途径研究［D］. 重庆：重庆交通大学，2014.

［201］汪一鸣，王嗣雄. 基于ITP的建筑施工质量管理方法研究［J］. 科技经济导刊，2017（35）：63，65.

［202］何旭东. 基于复杂性分析的大型工程项目主体行为风险管理研究［J］. 技术经济与管理研究，2018（2）：37－41.

［203］游佳莉，张宏，吴维邺. 基于动态联盟的PPP项目利益相关者管理研究［J］. 工程管理学报，2017（4）：46－51.

［204］张慧，李琳. 政府投资项目施工过程监管利益相关者分析［J］. 公路交通科技（应用技术版），2016（4）：330－332.

［205］付丽莹. 中交建筑院水运配套设计项目利益相关方需求和责任关

系研究［D］．济南：山东大学，2016．

［206］孙传博．长春市地铁工程质量监督体系问题研究［D］．长春：吉林大学，2017．

［207］张媛．英国建筑工程质量监管体系的分析［J］．建设监理，2017（1）：3 - 7．

［208］Freeman R E. Strategic Management：A Stakeholder Approach［M］. Boston，MA：Pitman，1984．

［209］Clarkson M. A Stakeholder Framework for Analyzing and Evaluating Corporate Social Performance［J］. Academy of Management Review，1995，20（1）：92 - 117．

［210］Rachel F. Baskerville - Morley. Dangerous，Dominant，Dependent or Definitive：Stakeholder Identification when the profession Faces Major Transgressions［J］. Accounting and the Public Interest，2004，4（5）：193 - 196．

［211］Bou J C，Beltran. I. Total Quality Management，High - Commitment Human Resource Strategy and Firm Performance：An Empirical Study［J］. Total Quality Management，2005，16（1）：71 - 86．

［212］Gallear D，Ghobadian，A. An Empirical Investigation of the Channels that Facilitate a Total Quality Culture［J］. Total Quality Management，2004，15（8）：1043 - 1967．

［213］Goetsch D L，Davis S B. Total Quality Handbook［M］. Upper Saddle River，NJ：Prentice Hall，2001．

［214］Yang J et al. Stakeholder Management in Construction：An Empirical Study to Address Research Gaps in Previous Studies［J］. International Journal of Project Management，2010（12）：1 - 11．

［215］Elliott R P. Quality Assurance：Top Management's Tool for Construction Quality［J］. Transportation Research Record，1991（1310）：17 - 19．

［216］Hughes R K. ，Ahmed S A. Highway Construction Quality Managements in Oklahoma［J］. Transportation Research Record，1991（1310）：20 - 26．

［217］Ernzen J，Feeney T. Contractor - Led Quality Control and Quality Assurance Plus Design – Build ［J］. Journal of the Transportation Research Board, 2002（1813）: 253 – 259.

［218］ Hnacher D E. , Lmaberi S E. Quality – Based Prequalification of Constractors ［J］. Journal of the Transportation Research Board, 2002（1813）: 260 – 274.

［219］ Bagozzi R P, Yi Y. On the evaluation of structural equation models ［J］. Journal of the academy of marketing science, 1988, 16（1）: 74 – 94.

［220］ Battikha M, Russell A. Construction Quality Management – Present and Future ［J］. Canadian Journal of Civil Engineering, 1998, 25（3）: 401 – 411.

［221］ Ofori G et al. Implementing Environmental Management Systems in Construction: Lessons from Quality Systems ［J］. Building and Environment, 2002, 37（12）: 1397 – 1407.

［222］ Coble R J, Hinze J, Haupt T C. Construction Safety and Health Management ［M］. Prentice Hall, 2000.

［223］ Akintoye A, McIntosh G, Fitzgerald E. A Survey of Supply Chain Collaboration and Management in the UK Construction Industry ［J］. European Journal of Purchase & Supply Management, 2000（6）: 159 – 168.

［224］ Karim K, Marosszeky M, Davis S. Managing Subcontractor Supply chain for Quality in Construction ［J］. Engineering, Construction and Architectural Management, 2006, 13（1）: 27 – 42.

［225］ Biré R, Tufféry G, Lelièvre H, et al. The Quality-management System in Research Implemented in the Food and Food Process Quality Research Laboratory of the French Food Safety Agency ［J］. Accreditation and Quality Assurance, 2004, 9（12）: 711 – 716.

［226］ Saad, M, Jones M, James P. A Review of the Progress Towards the Adoption of Supply Chain Management（SCM）Relationships in Construction ［J］. European Journal of Purchasing and Supply Management, 2002（8）: 173 – 183.

［227］ Abdel R H. Quality Improvement in Egypt: Methodology and Implementation ［J］. Journal of Construction Engineering and Management, 1998, 124

(5): 354 – 360.

[228] Abdelsalam A M E, Gad M M. Cost of quality in Dubai: An Analytical Case Study of Residential Construction Projects [J]. International Journal of Project Management, 2009, 27 (5): 501 – 511.

[229] Gao Z L, Walters R C, Jaselskis E J, Wipf T J. Approaches to Improving the Quality of Construction Drawings from Owner's Perspective [J]. Journal of Construction Engineering and Management, 2006, 132 (11): 1187 – 1192.

[230] Selles M E S, Rubio J A C, Mullor J R. Development of a Quantification Proposal for Hidden Quality Costs: Applied to the Construction Sector [J]. Journal of Construction Engineering and Management, 2008, 134 (10): 749 – 757.

[231] Lam K C, Ng S. T. A Cooperative Internet – facilitated Quality Management Environment for Construction [J]. Automation in Construction, 2006, 15 (1): 1 – 11.

[232] Fisher D, Miertschin S, David R P. Benchmarking in Construction Industry [J]. Journal of Management in Engineering, 2005, 11 (1): 50 – 57.

[233] Von Branconi C, Loch C H. Contracting of Major Project: Eight Business Levers for Top Management [J]. International Journal of Project Management, 2004 (22): 119 – 123.

[234] Tumer J R, Simister S J. Project Contract Management and A Theory of Organization [J]. International Journal of Project Management, 2001 (8): 457 – 464.

[235] Zhou K Z, Poppo L. Relational Contracts in China: Relational Governance and Contractual Assurance [C]. Institutional Mechanisms for Industry Self – Regulation Program, 2005.

[236] Koskela L, Howell G. The Underlying Theory of Project Management is Obsolete [C]. In Proceedings of PMI Research Conference, 2002: 293 – 301.

[237] Cameron B G, et al. Goals for Space Exploration Based on Stakeholder Network Value Considerations [DB/OL]. http://en.wikipedia.org/wild/Stakeholder_analysis, 2012 – 02 – 21.

[238] Chan W T, et al. Interface management for China's Build – Operate – Transfer Projects [J]. Journal of Construction Engineering and Management, 2005, 131 (6): 645 –655.

[239] Lambropoulos S. The Use of Time and Cost Utility for Construction Contract Award under European Union Legislation [J]. Build and Environment, 2007, 42 (1): 452 –463.

[240] Gido J, Clements J P. Successful Project Management [M]. USA: Thomson Learning, 2003.

[241] Jaafari A, Manivong K. Synthesis of A Model for Life – cycle Project Management [J]. Computer – Aided Civil and Infrastructure Engineering, 2000, 15 (1): 26 –38.

[242] Mitchell R K, Robinson R E, Marin A, et al. Spiritual Identity, Stakeholder Attributes, and Family Business Workplace Spirituality Stakeholder Salience [J]. Journal of Management, Spirituality & Religion, 2013, 10 (3): 215 – 252.

[243] Tenailleau Q M, Maunyf, Joly D, et al. Air Pollution in Moderately Polluted Urban Areas: How does the Definition of "neighborhood" Impact Exposure Assessment? [J]. Environment Pollution, 2015, 20 (6): 437 –448.

[244] Feng L, Liao W. Legislation, Plans, and Policies for Prevention and Control of air Pollution in China: Achievements, Challenges, and Improvements [J]. Journal of Cleaner Production, 2015, 3 (6): 32 –46.

[245] Schmidtlein M C, Deutsch R C, Piegorsch W W, Cutter S L. A Sensitivity Analysis of the Social Vulnerability Index [J]. Risk Analysis, 2008, 28 (4): 191 –219.

[246] CSA, IPAC – CO$_2$ Research Inc. CSA Z741, Geological Storage of Carbon Dioxide [S]. Ontario: CSA, IPAC – CO$_2$ Research Inc. 2012.

[247] Berends T C. Cost Plus Incentive fee Contracting-experiences and Structuring [J]. International Journal of Project Management, 2000, 18 (3): 165 –171.

[248] Broomw J, Perry J. How Practitioiner Set Share Fractions in Target

Cost Contract ［J］. International Journal of Project Management, 2002（20）: 58 - 64.

［249］Jaraied M. Incenive Disincentive Guidelines for Highway Construction Contracts ［J］. Journal of Construction Engineering and Management, 1995, 121 （1）: 112 - 120.

［250］Littau P, Jujagiri N J, Adlbrecht G. 25 Years of Stakeholder Theory in Project Management Literature （1984 - 2009） ［J］. Project Management Journal, 2010 （9）: 17 - 30.

［251］Lahdenpera P. Making Sense of the Multi-party Contractual Arrangements of Project Partnering, Project Alliancing and Integrated Project Delivery ［J］. Construction Management and Economics, 2012 （30）: 57 - 79.

［252］Mainardes E W, Alves H, et al. A Model for Stakeholder Classification and Stakeholder Relationships ［J］. Management Decision, 2012, 50 （10）: 1861 - 1879.

［253］Chinowsky P, Diekmann J, Galotti V. Social Network Model of Construction ［J］. Journal of Construction Engineering and Management, 2008, 134 （10）: 804 - 812.

［254］El - Gohary N M, Osman H, El - Diraby T E. Stakeholder Management for Public Private Partnerships ［J］. International Journal of Project Management, 2006 （7）: 595 - 604.

［255］Rustom R N, Amer M I. Modeling the Factors Affecting Quality in Building Construction Project in Gaza Strip ［J］. Journal of Construction Research, 2006, 7 （1）: 33 - 47.

［256］Pryke S D. Analysing Construction Project Coalitions: Exploring the Application of Social Network Analysis ［J］. Construction Management and Economics, 2004, 22 （8）: 787 - 797.

［257］Rowlinson S, Cheung Y K F. Stakeholder Management Through Empowerment: Modelling Project Success ［J］. Construction Management and Economics, 2008, 26 （6）: 611 - 623.

［258］Rodgers W, Gago S. Stakeholder Influence on Corporate Strategies over Time ［J］. Journal of Business Ethics, 2004 （52）: 349 – 363.

［259］ Bourne L. Project Relationship Management and the Stakeholder Circle ［M］. Bvchliste: LAP Lanbert Acad Publ, 2010.

［260］ Olander S. Evaluation of Stakeholder Influence in the Implementation of Construction Projects ［J］. International Journal of Project Management, 2005 （23）: 321 – 328.

［261］ Newcombe R. From Client to Project Stakeholders: a Stakeholder Mapping Approach ［J］. Construction Management and Economics, 2003, 21 （8）: 841 – 848.

［262］ Aaltonen K, Jaakko K, Tuomas O. Stakeholder Salience in Global Projects ［J］. International Journal of Project Management, 2008 （26）: 509 – 516.

［263］ Olander S. Stakeholder Impact Analysis in Construction Project Management ［J］. Construction Management and Economics, 2007 （25）: 277 – 287.

［264］ Yang J, Shen Q – P, Ho M – F. An Overview of Previous Studies in Stakeholder Management and its Implications for the Construction Industry ［J］. Journal of Facilities Management, 2009, 7 （2）: 159 – 175.

［265］ Olander S. External Stakeholder Analysis in Construction Project Management ［D］. Lund: Lund University, 2007.

［266］ Palaneeswaran E, Ng T, Kumaraswamy M. Client Satisfaction and Quality Management Systems in Contractor Organizations ［J］. Building and Environment, 2006, 41 （11）: 1557 – 1570.

［267］ Zhang L, Du J, Zhang S. Solution to the Time – Cost – Quality Trade – off Problem in Construction Projects Based on Immune Genetic Particle Swarm Optimization ［J］. Journal of Management in Engineering, 2013, 30 （2）: 163 – 172.

［268］ Chinho L, Wing S C, Christian N M, Kuei C H, Yu P P. A Structural Equation Model of Supply Chain quality Management and Organizational Performance ［J］. Internal Journal of Production Economics, 2005, 96 （1）: 355 – 365.

［269］ Hale K, Janet L H. A Replication and Extension of Quality Management into the Supply Chain ［J］. Journal of Operations Management, 2008, 26 (4): 468 – 489.

［270］ Glebov V V. Investigation of Effect of Parameters of Electrochemical Processing with Scanning Electrode Tool on Material Removal Rate and Quality of Engineering Products Processing ［J］. Procedia Engineering, 2017 (12): 918 – 923.

［271］ Sanders M R, Kirby J N. Surviving or Thriving: Quality Assurance Mechanisms to Promote Innovation in the Development of Evidence – Based Parenting Interventions ［J］. Prevention Science, 2015, 16 (3): 421 – 431.

［272］ Theodoulidis B, Diaz D, Crotto F, Rancati E. Exploring Corporate Social Responsibility and Financial Performance Through Stakeholder Theory in the Tourism Industries ［J］. Tourism Management, 2017 (10): 173 – 188.

［273］ Mitchell A, Wood D. Toward a Theory of Stakeholder Identification and Salience: Defining the Principle of Who and What Really Counts ［J］. Academy of Management Review, 1997, 22 (4): 853 – 886.

后 记

　　本书是在本人的博士研究生毕业论文的基础上经过进一步补充和完善最后修改而成的，也是由本人和吕景刚、吴秀宇等师兄弟组成的研究团队在近几年的研究中不断积累而形成的研究成果之一。我们的课题组一直致力于工程项目管理领域的相关研究，近年来针对建筑施工安全行为、精益建设技术采纳、建筑工程质量管理等问题承担了一些国家级和省部级课题，同时在CSSCI、CSCD等来源期刊发表了一系列学术论文，总体上对本领域的发展现状、规章制度和理论研究动态比较熟悉，也掌握了一些科学的研究方法，并提出了一些有益的观点和管理建议。

　　在我的博士毕业论文撰写过程中以及本书的编著工作中，得到了许多老师和同学的关心和帮助。首先，要感谢我的导师李书全教授。2011年9月，我有幸拜读在李老师门下，开始了我的博士求学生涯。读博时光虽如苦度春秋，却也乐在其中。自从加入到导师的课题组之后，每周都有科研例会，在会上不仅要汇报近期的科研工作进展，还要对课题研究中遇到的问题进行讨论，有时也会对最新的理论和新出现的研究方法进行介绍和交流。在导师的指导和帮助下，我学到了许多前沿性的理论和科学的研究方法，提高了学术研究的能力和素养，为我后来发表学术论文和撰写毕业论文奠定了扎实的基础。在博士论文写作中，从论文选题、确定研究框架、选择研究方法到研究内容的修改和完善，从论文初稿出炉到整篇论文定稿，这一系列琐碎的工作无不凝结着李老师的心血和汗水。甚至在本书的编著过程中，李老师仍然关心书稿的写作进展，为我指出了进一步修改完善的方向和需要继续深入研究的问题，对本书的章节安排以及内容结构提出了指导性建议。李老师深厚的学术造诣和精益求精的治学态度，不仅使我收获了博士学位，更教会了我做学问的道理，也引导我步入科学研究的大门。

其次，感谢我的师兄吕景刚博士（副教授）和师弟吴秀宇博士（讲师），他们在我的博士论文撰写中付出了大量精力，在数据收集与处理、研究方法选取、模型构建、实证分析和仿真分析等方面为我提供了极大帮助。在本书书稿的后期写作和完善中，他们帮我做了部分章节的修改工作，也替我从事了大量文字性的校对和润色工作，并帮助我进行图表和排版格式的调整和优化。另外，我要感谢胡少培、郑元明等师弟和王晓亮、杨雪等同学在论文撰写和专著写作过程中给我提供的专业性指导和帮助。

再次，我要对给予我毕业论文写作提供指导性建议的温孝卿教授、罗永泰教授、张英华教授、陈立文教授、许晖教授、陈通教授、蔡双立教授等表示真诚的谢意，他们的渊博学识和为学态度让我敬仰，也令我获益颇多。同时，也要感谢肖红叶教授、彭正银教授、张书华教授、张林格教授、徐碧琳教授、王晓林教授、白仲林教授等老师在我读博期间的精彩授课，他们教授给我学以致用的前沿理论和先进的研究方法，为我的博士论文提供了理论和方法上的指导和帮助。

最后，我要特别感谢河北地质大学商学院院长苗泽华教授、书记董莉教授、副院长王汉新教授和白翠玲教授，在我读博期间，各位领导给我提供了许多工作上的便利和生活上的照顾，也不时鼓励和鞭策我在学术道路上不断前进，为我的博士论文写作提出了不少中肯的建议。也要特别感谢我的各位同事，他们为我分担了许多工作任务，才使我得以脱身专心撰写博士论文。另外，本书能够顺利出版，主要得益于河北省企业管理省级重点学科的经费资助，在此对学校各级领导的大力支持表示由衷的感谢！

在本书的编辑和出版工作中，经济科学出版社的各位领导和编辑给予了大力支持，周国强先生还从中做了大量的沟通协调工作，感谢他们为本书的编辑和出版所付出的辛勤劳动和无私奉献，也感谢他们为我提供了一个能与业界关心建筑工程质量的同行和学者们进行交流的机会，从而使本书能够最终面向读者。

三月，春暖花开，万物复苏。至此，本书已圆满完稿，落笔时正值夜静更深，我掩卷沉思，不禁感慨万千。这段"海水苦而泪水甜"的日子，是我人生经历中最为丰富的阶段，付出了辛劳和汗水，但收获了知识和希望。尽管在书稿写作过程中，迫于生活和工作的双重压力，曾使我萌生放弃的念头，但承蒙恩师的鼓励、领导的关怀以及亲人、朋友和同学们的无私帮助，才使我柳暗花明，重拾信心。在此，我要向所有支持、关心和帮助我的至爱亲朋致以最诚挚的谢意，并谨以此书献给在科研道路上砥砺前行的学者们。

尽管本书是我们研究团队在广泛调研、系统研究的基础上做出的学术成果，但鉴于我们的认识水平和研究能力有限，对工程管理和质量管理问题接触的时间不是很长，对工程质量管理中各利益相关方的关系及其行为的协同治理问题了解得不够、理解得不深，因此本书中难免有不妥或纰漏之处，敬请各位专家学者以及相关部门的领导和同行给予批评指正。真诚欢迎大家不吝赐教，我们将以此作为潜心学术研究的永恒动力。

彭永芳

河北地质大学商学院

2018 年 3 月